KB268921

두 번째
제주 여행

두 번째
제주 여행

초판 인쇄일 2015년 5월 11일
초판 발행일 2015년 5월 20일
글 사진 이민정
발행인 박정모
등록번호 제9-295호
발행처 도서출판 혜지원
주소 경기도 파주시 회동길 445-4(문발동 638) 302호
전화 031)955-9221~5   팩스 031)955-9220
홈페이지 www.hyejiwon.co.kr

기획 송유선
디자인 김희연
영업마케팅 김남권, 황대일, 서지영
ISBN 978-89-8379-853-4
정가 12,000원

이 도서의 국립중앙도서관 출판예정도서목록(CIP)은 서지정보유통지원시스템 홈페이지(http://seoji.nl.go.kr)와
국가자료공동목록시스템(http://www.nl.go.kr/kolisnet)에서 이용하실 수 있습니다.(CIP제어번호: CIP2015012104)

나만 알고 싶은 숨은 제주

두 번째
제주 여행

이민정 찍고 쓰다

혜지원

개인적인 이야기이지만 저의 제주살이가 벌써 2년째에 접어들었습니다. 첫 1년은 제주도에 살게 된 것이 낯설고 믿기지 않아 혼자서 행복해 했습니다. 그래서 저 또한 여행 오시는 분들과 마찬가지로 쭉쭉 뻗은 야자수와 에메랄드빛 바다에 푹 빠져 1년을 보냈지요. 또 유명한 관광지들을 쫓아다니며 사람들 틈에 끼여 기념사진을 찍거나 그 황홀한 풍경에 넋을 잃고 감탄하기도 했습니다.

그렇게 첫 1년을 보내고 나니 제주살이에 어느 정도 여유가 생기면서 제주가 조금씩 더 잘 보이기 시작하네요. 에메랄드빛 바다가 제주도의 전부인 줄 알았던 저에게 시간이 흐를수록 제주도는 다양한 모습과 매력을 보여준답니다.

그러면서 처음엔 관심조차 두지 않았던 제주의 오름이 사실 제주 여행의 백미라는 것도 깨닫게 되었습니다. 산에 오르는 것을 정말 싫어하는 저에게도 말이죠. 제주도에 있는 대부분의 오름은 야트막한 언덕 수준이기 때문에 '등산'보다는 '산책'이라는 단어가 더 잘 어울립니다. 그래서 남녀노소 누구나 그리고 저질체력이라고 좌절하시는 분들도 쉽게 다녀오실 수 있습니다. 정상까지 오르는 노력에 비해 오름이 저희에게 보여주는 풍경은 상상 이상이랍니다. 그래서 육지에서 여행 오시는 분들이 어디가 좋으냐고 물어보시면 꼭 한번 오름에 올라보라고 말씀드리곤 합니다.

또, 오름뿐만 아니라 여행자들에게 많이 알려지진 않았지만 정말 아름다운 장소도 알게 되었습니다. 사람들이 많지 않은 그런 아름다운 곳에 있으면 숨겨 놓은 보물을 발견한 것처럼 얼마나 마음이 흐뭇하던지요.

최근에는 제주도에 넥슨컴퓨터박물관이나 항공우주박물관, 레일바이크와 같은 곳들도 생겨났습니다. 오랫동안 한 자리에서 사랑받고 있는 박물관뿐만 아니라 이런 곳들도 개관한 지 얼마 되지 않았지만 인기를 끌고 있답니다.

대부분의 여행자들은 제주도로 2박 3일, 길게는 3박 4일 일정으로 오시죠. 그리고 몇 번 제주도를 오고 나면 더 이상 볼 것이 없다고 생각하시곤 합니다. 그래서 이 책에서는 제주도의 새로운 모습을 보고 싶어 하시는 분들을 위해 제주도의 오름을 포함해 숨겨진 아름다운 곳들, 오픈한 지 얼마 되지 않았지만 인기를 끌고 있는 박물관과 테마파크 등을 소개하려고 합니다.

저와 함께 진짜 제주도의 모습을 보지 않으실래요?

취향대로 고르는
박물관 및 테마파크

81

그 외
가보면 좋을 곳
183

꼭 한 번은 올라야 할
한라산 여행
211

POINT 1

이 책은 제주도를 다음과 같이 크게 여섯 지역으로 구분하였습니다.

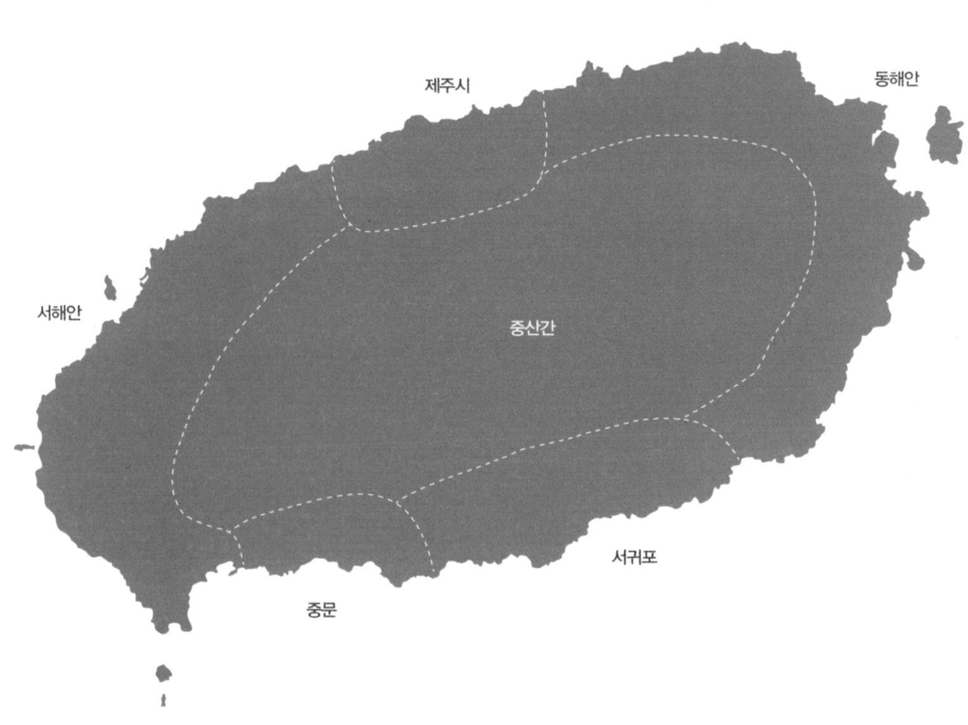

각 챕터는 지역별이 아닌 테마별로 구성하였습니다.
그리고 챕터 내의 해당 관광지가 대략적으로 섬의 어느 위치에 있는지 알 수 있도록
지도에 표시해 두었습니다.

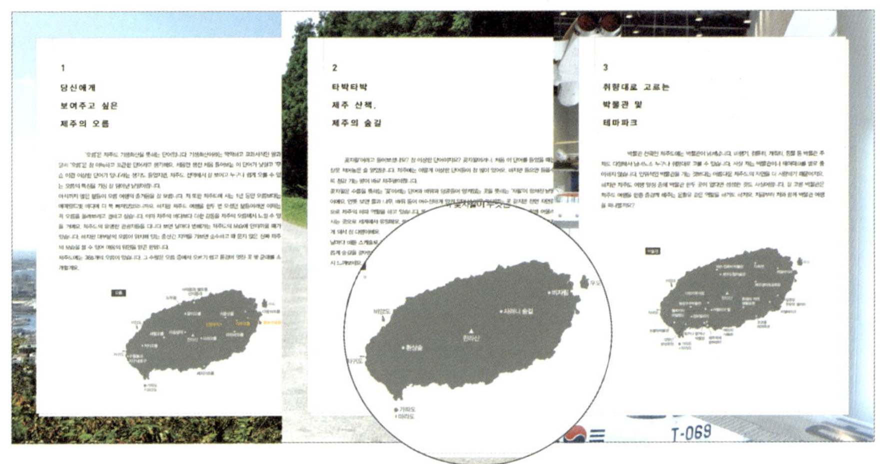

여행 계획을 짜는 데 도움이 될 수 있도록 각 관광지가 속하는 지역과
관광지별로 소요되는 관광 시간을 적어 두었습니다.

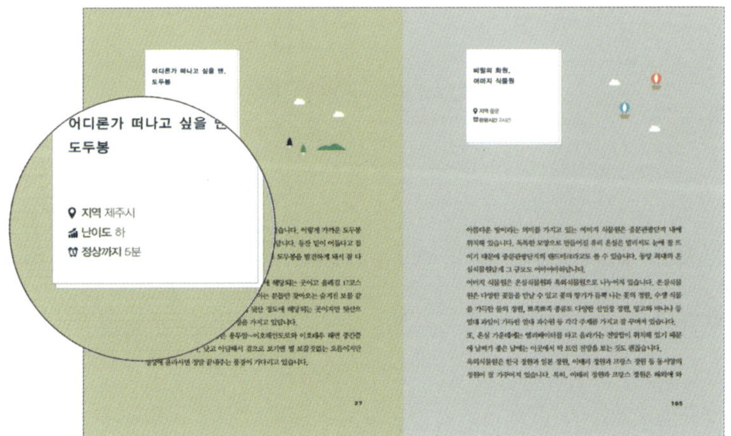

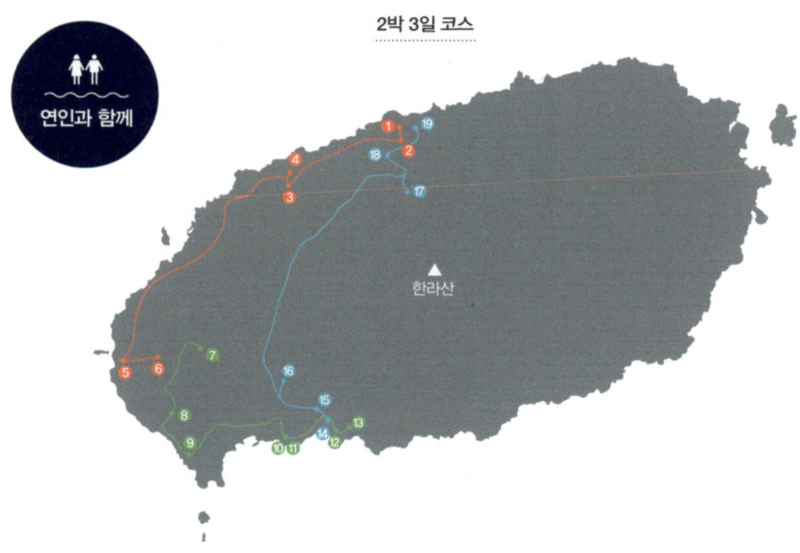

1일차

①	10분	②	20분	③	1분	④	45분	⑤	10분	⑥
도두봉 27쪽		꺼멍에서 점심식사 223쪽		더럭분교와 하가리 연화못 204쪽		프롬더럭에서 차 한잔 240쪽		수월봉과 자구내포구 53쪽		황금룡버거에서 저녁식사 239쪽

2일차

⑦	20분	⑧	15분	⑨	25분	⑩	1분	⑪	20분	⑫	5분	⑬
환상숲 77쪽		초콜릿 박물관 116쪽		옥돔식당에서 점심식사 238쪽		대평리 201쪽		레드브라운에서 차 한잔 238쪽		씨에스 호텔 194쪽		이딸리아노에서 저녁식사 236쪽

3일차

⑭	5분	⑮	10분	⑯	35분	⑰	10분	⑱	15분	⑲
믿거나 말거나 박물관 110쪽		맛있는 밥상에서 점심식사 236쪽		카멜리아 힐 124쪽		제주도립미술관 85쪽		제라한 보쌈에서 저녁식사 226쪽		공항

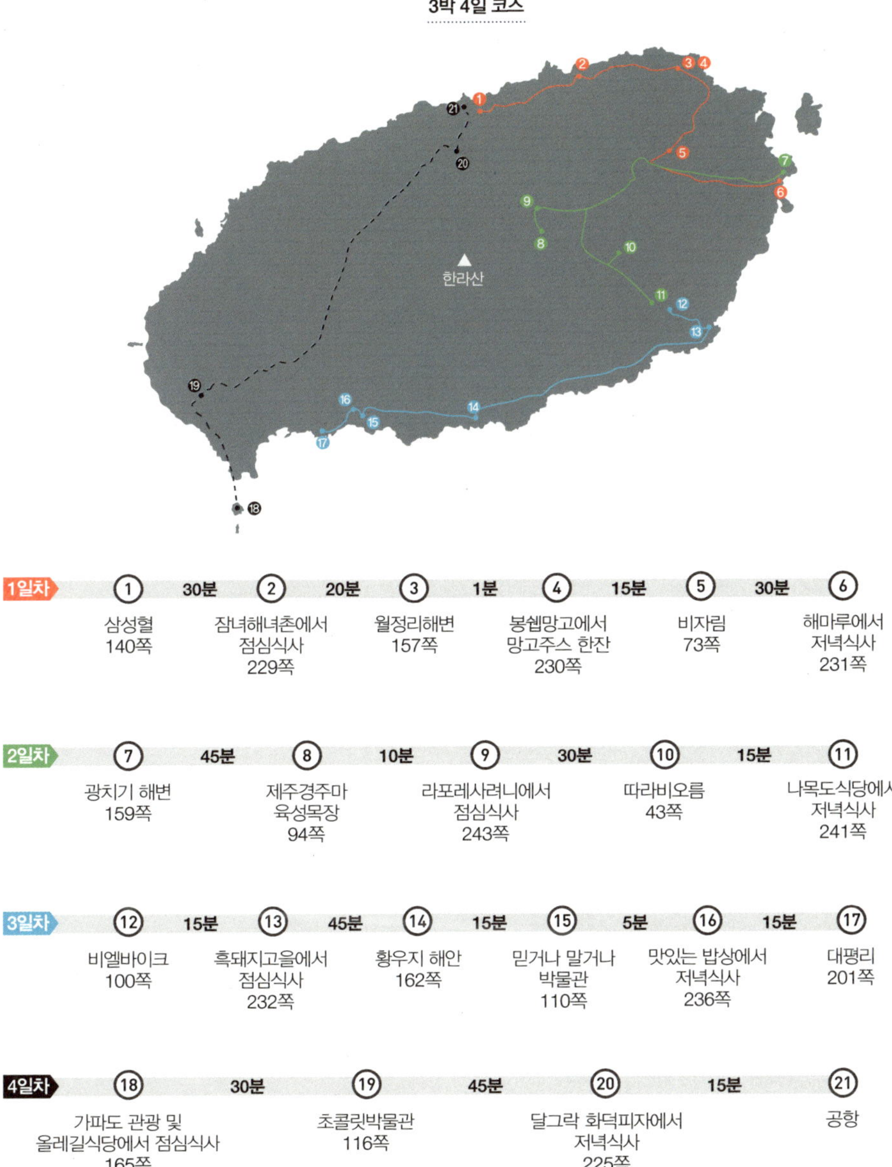

3박 4일 코스
한라산
1일차
① 삼성혈 140쪽
30분
② 잠녀해녀촌에서 점심식사 229쪽
20분
③ 월정리해변 157쪽
1분
④ 봉쉡망고에서 망고주스 한잔 230쪽
15분
⑤ 비자림 73쪽
30분
⑥ 해마루에서 저녁식사 231쪽
2일차
⑦ 광치기 해변 159쪽
45분
⑧ 제주경주마 육성목장 94쪽
10분
⑨ 라포레사려니에서 점심식사 243쪽
30분
⑩ 따라비오름 43쪽
15분
⑪ 나목도식당에서 저녁식사 241쪽
3일차
⑫ 비엘바이크 100쪽
15분
⑬ 흑돼지고을에서 점심식사 232쪽
45분
⑭ 황우지 해안 162쪽
15분
⑮ 믿거나 말거나 박물관 110쪽
5분
⑯ 맛있는 밥상에서 저녁식사 236쪽
15분
⑰ 대평리 201쪽
4일차
⑱ 가파도 관광 및 올레길식당에서 점심식사 165쪽
30분
⑲ 초콜릿박물관 116쪽
45분
⑳ 달그락 화덕피자에서 저녁식사 225쪽
15분
㉑ 공항

2박 3일 코스

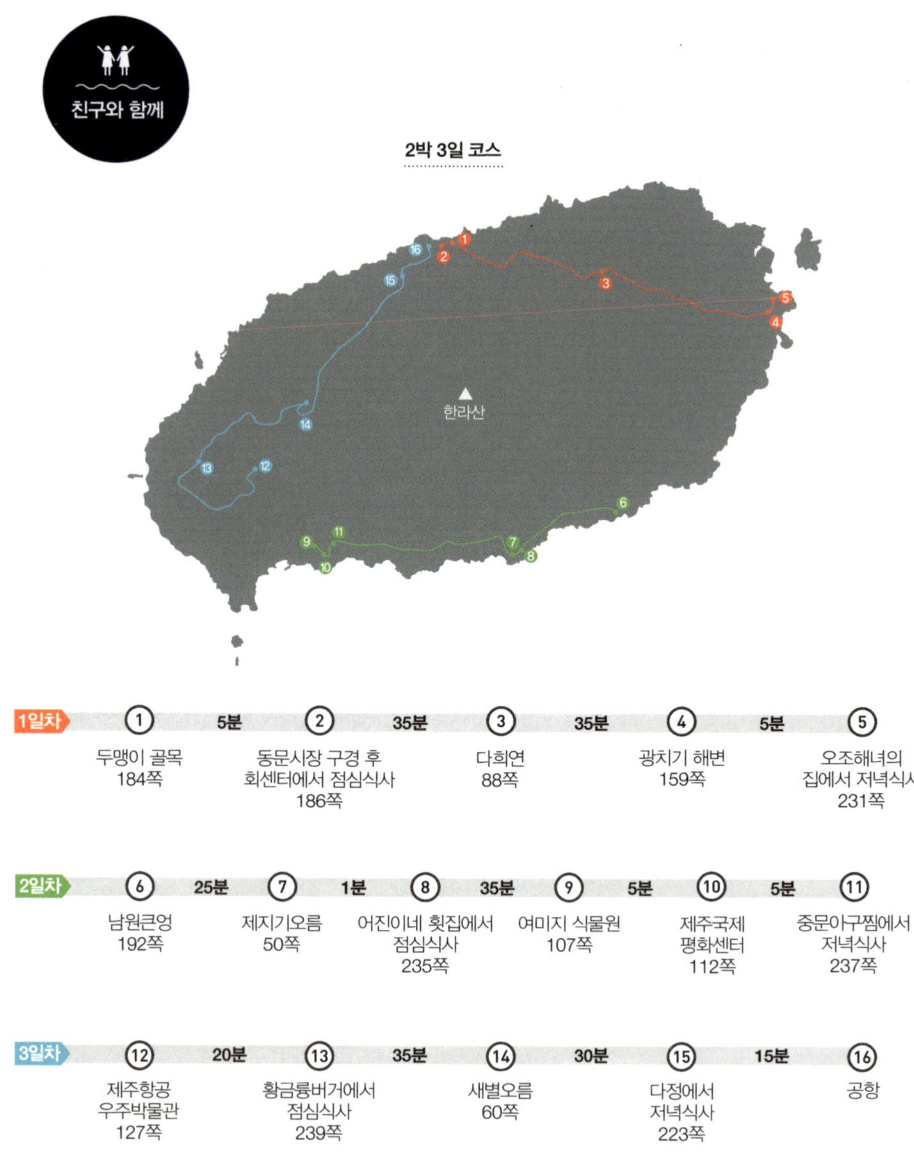

1일차	①	5분	②	35분	③	35분	④	5분	⑤
	두맹이 골목 184쪽		동문시장 구경 후 회센터에서 점심식사 186쪽		다희연 88쪽		광치기 해변 159쪽		오조해녀의 집에서 저녁식사 231쪽

2일차	⑥	25분	⑦	1분	⑧	35분	⑨	5분	⑩	5분	⑪
	남원큰엉 192쪽		제지기오름 50쪽		어진이네 횟집에서 점심식사 235쪽		여미지 식물원 107쪽		제주국제 평화센터 112쪽		중문아구찜에서 저녁식사 237쪽

3일차	⑫	20분	⑬	35분	⑭	30분	⑮	15분	⑯
	제주항공 우주박물관 127쪽		황금룡버거에서 점심식사 239쪽		새별오름 60쪽		다정에서 저녁식사 223쪽		공항

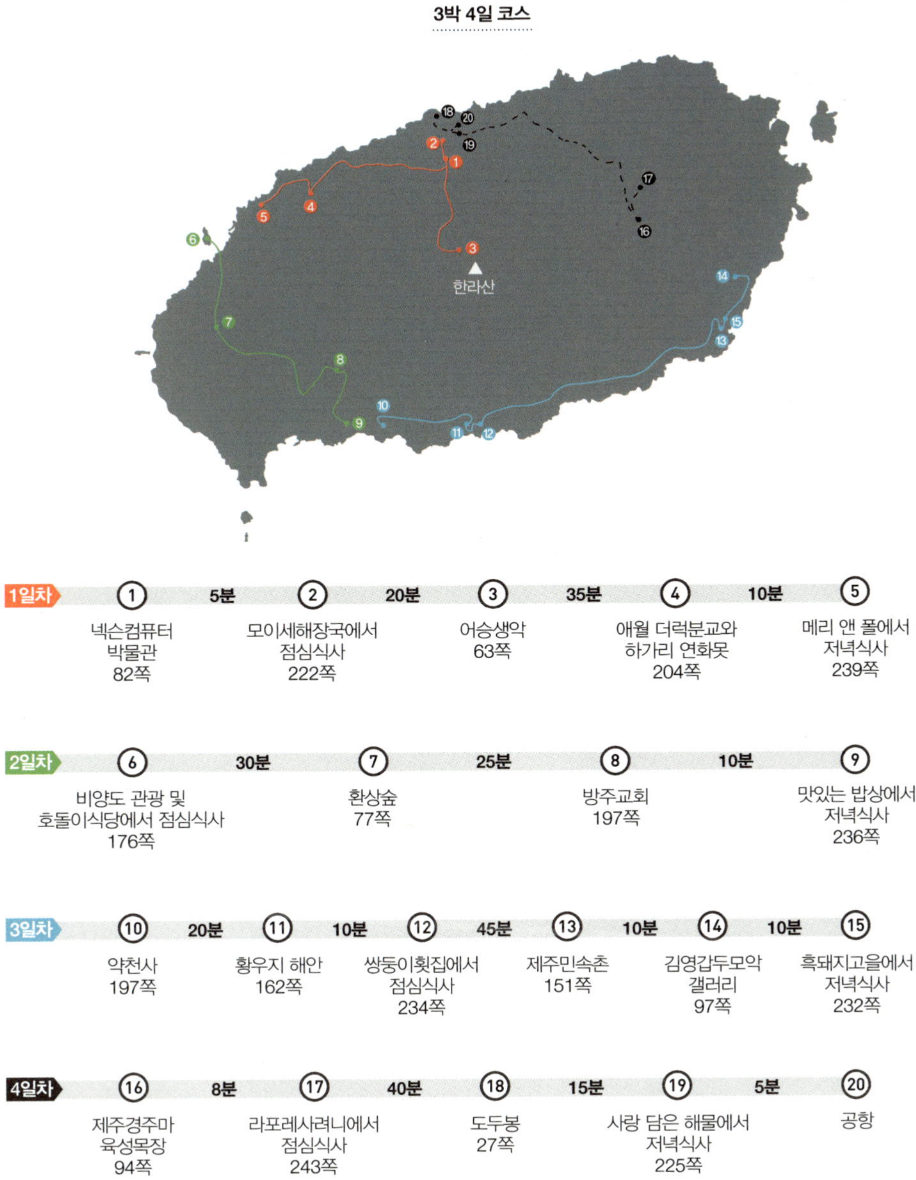

1일차	①	5분	②	20분	③	35분	④	10분	⑤
	넥슨컴퓨터 박물관 82쪽		모이세해장국에서 점심식사 222쪽		어승생악 63쪽		애월 더럭분교와 하가리 연화못 204쪽		메리 앤 폴에서 저녁식사 239쪽

2일차	⑥	30분	⑦	25분	⑧	10분	⑨
	비양도 관광 및 호돌이식당에서 점심식사 176쪽		환상숲 77쪽		방주교회 197쪽		맛있는 밥상에서 저녁식사 236쪽

3일차	⑩	20분	⑪	10분	⑫	45분	⑬	10분	⑭	10분	⑮
	약천사 197쪽		황우지 해안 162쪽		쌍둥이횟집에서 점심식사 234쪽		제주민속촌 151쪽		김영갑두모악 갤러리 97쪽		흑돼지고을에서 저녁식사 232쪽

4일차	⑯	8분	⑰	40분	⑱	15분	⑲	5분	⑳
	제주경주마 육성목장 94쪽		라포레사려니에서 점심식사 243쪽		도두봉 27쪽		사랑 담은 해물에서 저녁식사 225쪽		공항

2박 3일 코스

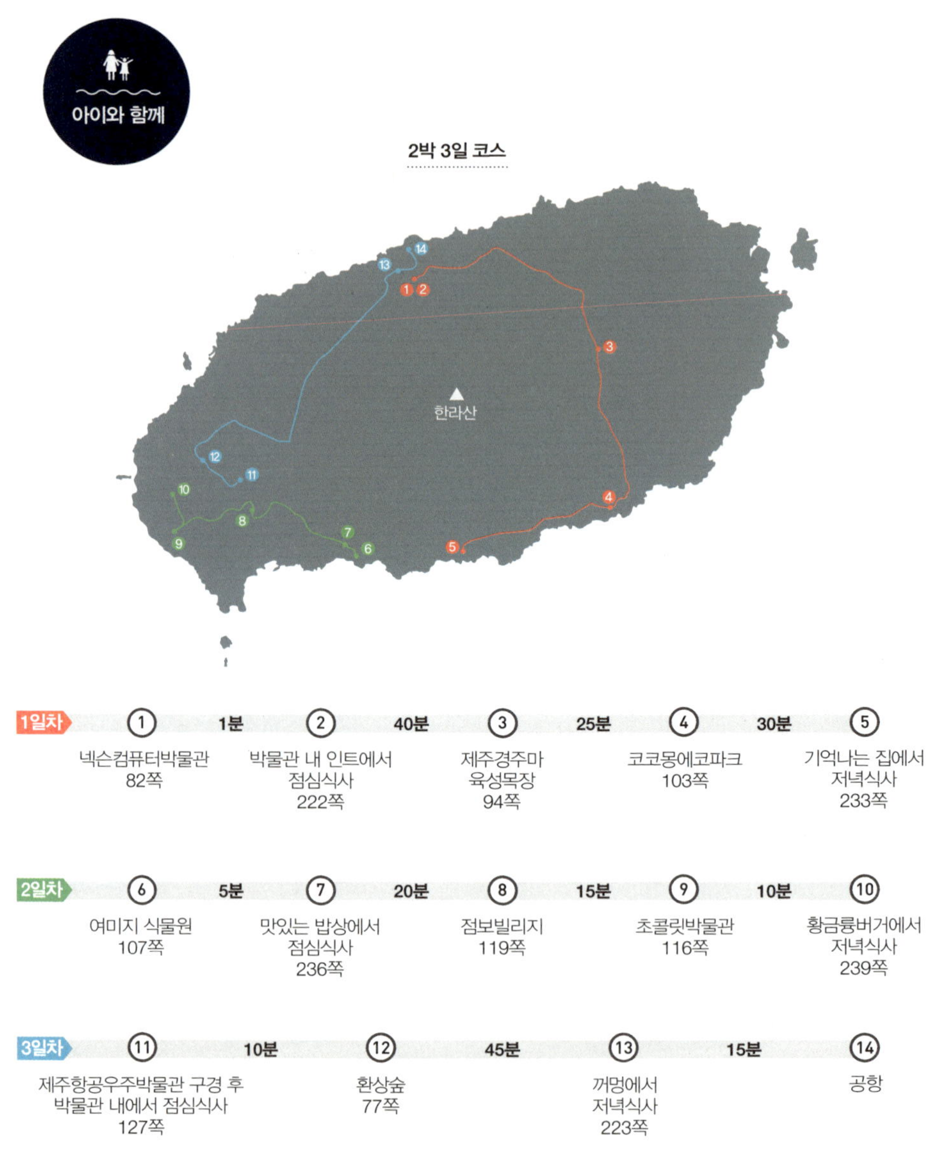

1일차

① 넥슨컴퓨터박물관 82쪽 — 1분 — ② 박물관 내 인트에서 점심식사 222쪽 — 40분 — ③ 제주경주마 육성목장 94쪽 — 25분 — ④ 코코몽에코파크 103쪽 — 30분 — ⑤ 기억나는 집에서 저녁식사 233쪽

2일차

⑥ 여미지 식물원 107쪽 — 5분 — ⑦ 맛있는 밥상에서 점심식사 236쪽 — 20분 — ⑧ 점보빌리지 119쪽 — 15분 — ⑨ 초콜릿박물관 116쪽 — 10분 — ⑩ 황금룡버거에서 저녁식사 239쪽

3일차

⑪ 제주항공우주박물관 구경 후 박물관 내에서 점심식사 127쪽 — 10분 — ⑫ 환상숲 77쪽 — 45분 — ⑬ 꺼멍에서 저녁식사 223쪽 — 15분 — ⑭ 공항

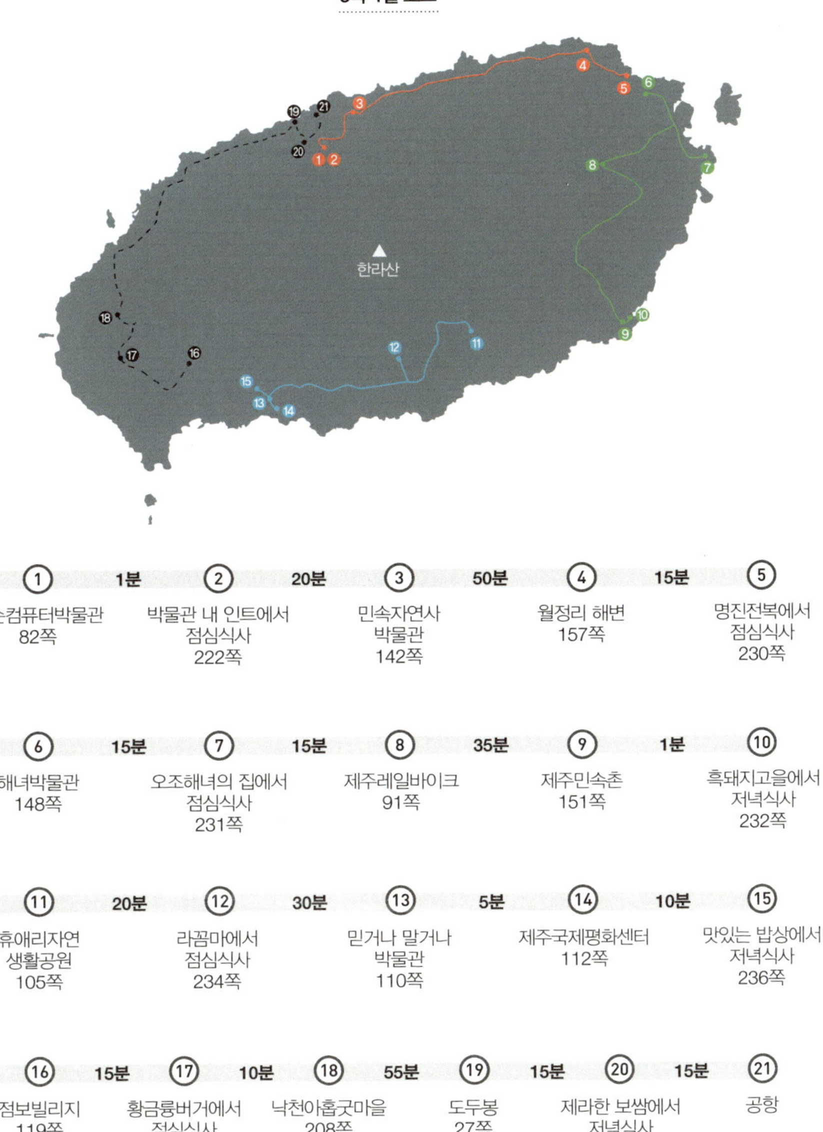

1일차	① 넥슨컴퓨터박물관 82쪽	1분	② 박물관 내 인트에서 점심식사 222쪽	20분	③ 민속자연사 박물관 142쪽	50분	④ 월정리 해변 157쪽	15분	⑤ 명진전복에서 점심식사 230쪽

2일차	⑥ 해녀박물관 148쪽	15분	⑦ 오조해녀의 집에서 점심식사 231쪽	15분	⑧ 제주레일바이크 91쪽	35분	⑨ 제주민속촌 151쪽	1분	⑩ 흑돼지고을에서 저녁식사 232쪽

3일차	⑪ 휴애리자연 생활공원 105쪽	20분	⑫ 라꼼마에서 점심식사 234쪽	30분	⑬ 믿거나 말거나 박물관 110쪽	5분	⑭ 제주국제평화센터 112쪽	10분	⑮ 맛있는 밥상에서 저녁식사 236쪽

4일차	⑯ 점보빌리지 119쪽	15분	⑰ 황금룡버거에서 점심식사 239쪽	10분	⑱ 낙천아홉굿마을 208쪽	55분	⑲ 도두봉 27쪽	15분	⑳ 제라한 보쌈에서 저녁식사 226쪽	15분	㉑ 공항

2박 3일 코스

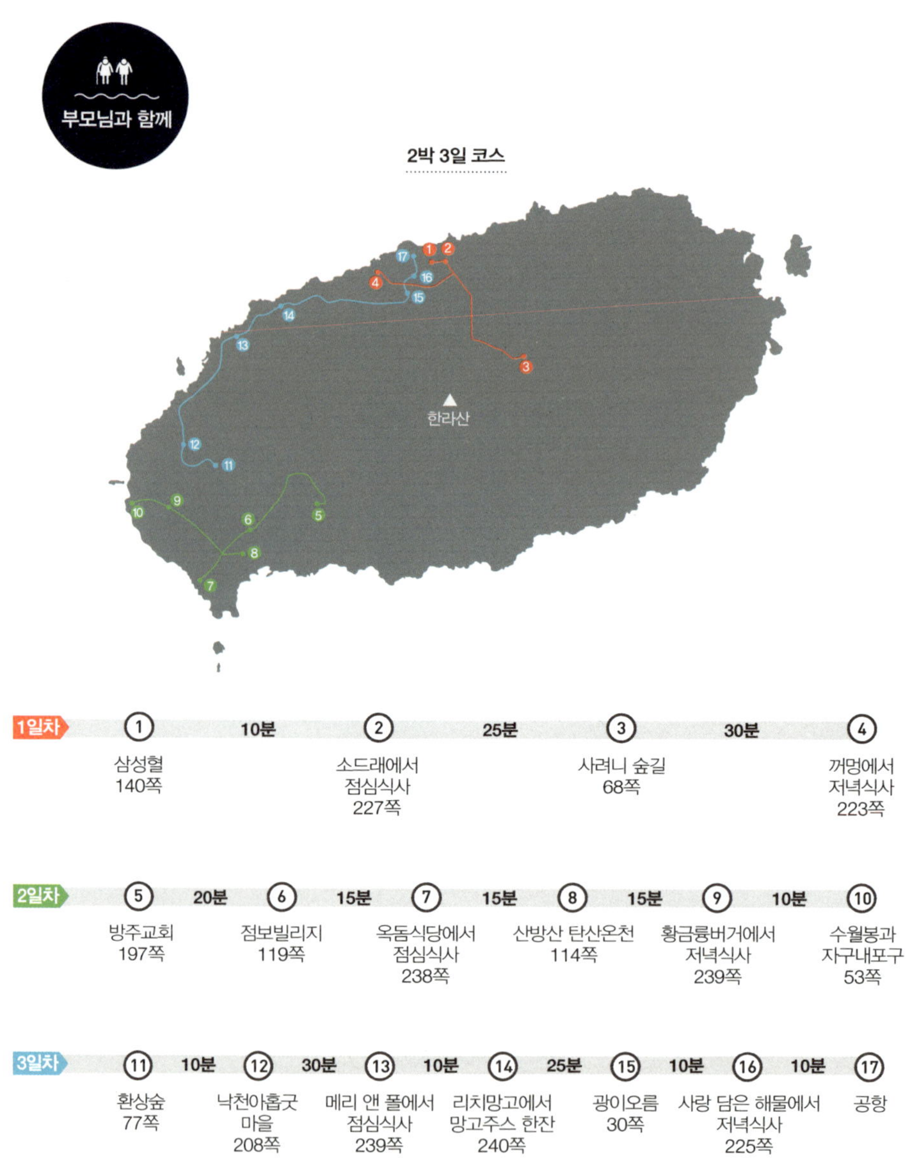

1일차

① 삼성혈 140쪽 — 10분 — ② 소드래에서 점심식사 227쪽 — 25분 — ③ 사려니 숲길 68쪽 — 30분 — ④ 꺼멍에서 저녁식사 223쪽

2일차

⑤ 방주교회 197쪽 — 20분 — ⑥ 점보빌리지 119쪽 — 15분 — ⑦ 옥돔식당에서 점심식사 238쪽 — 15분 — ⑧ 산방산 탄산온천 114쪽 — 15분 — ⑨ 황금룡버거에서 저녁식사 239쪽 — 10분 — ⑩ 수월봉과 자구내포구 53쪽

3일차

⑪ 환상숲 77쪽 — 10분 — ⑫ 낙천아홉굿 마을 208쪽 — 30분 — ⑬ 메리 앤 폴에서 점심식사 239쪽 — 10분 — ⑭ 리치망고에서 망고주스 한잔 240쪽 — 25분 — ⑮ 광이오름 30쪽 — 10분 — ⑯ 사랑 담은 해물에서 저녁식사 225쪽 — 10분 — ⑰ 공항

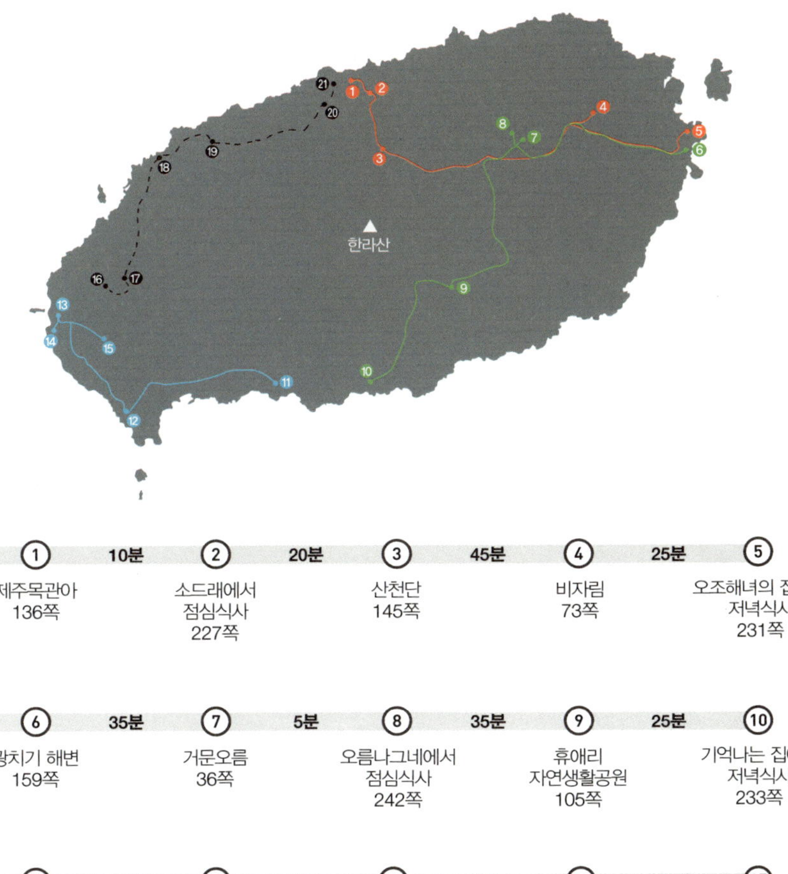

1일차

①	10분	②	20분	③	45분	④	25분	⑤
제주목관아 136쪽		소드래에서 점심식사 227쪽		산천단 145쪽		비자림 73쪽		오조해녀의 집에서 저녁식사 231쪽

2일차

⑥	35분	⑦	5분	⑧	35분	⑨	25분	⑩
광치기 해변 159쪽		거문오름 36쪽		오름나그네에서 점심식사 242쪽		휴애리 자연생활공원 105쪽		기억나는 집에서 저녁식사 233쪽

3일차

⑪	30분	⑫	25분	⑬	5분	⑭	10분	⑮
여미지 식물원 107쪽		옥돔식당에서 점심식사 238쪽		차귀도 171쪽		수월봉과 자구내포구 53쪽		황금룡버거에서 저녁식사 239쪽

4일차

⑯	15분	⑰	30분	⑱	15분	⑲	25분	⑳	10분	㉑
낙천아홉굿마을 208쪽		저지오름 58쪽		메리 앤 폴에서 점심식사 239쪽		애월 더럭분교와 하가리 연화못 204쪽		마농에서 저녁식사 224쪽		공항

제주도
전체 지도
제주시 확대 22p
제주국제공항
리치망고
애월 더럭분교와 하가리 연화못
프롬더럭
메리 앤 폴
비양도
어승생악
새별오름
저지오름
낙천아홉굿마을
다빈치뮤지엄
차귀도
환상숲
방주교회
올리브 카페
황금룡버거
제주항공우주박물관
헬로키티 아일랜드
수월봉과 자구내포구
카멜리아힐
점보빌리지
맛있는 밥상
여미지 식물원
이딸리아노
초콜릿박물관
믿거나 말거나 박물관
산방산 탄산온천
제주국제평화센터
약천사
중문아구찜
레드브라운
대평리
씨에스 호텔
신라호텔 더 파크뷰
옥돔식당
가파도
1132
1136
1139
1132
1136
1135
1139
1136
1117
1139
1132
1136
1120
1121
1135
1136
1116
1115
1136
1115
1121
1116
1120
1136
1139
1136
1135
1132
1132
1136
1132
1120
1132

잠녀해녀촌
월정 스테이션
봉쉡망고
월정리 해변
명진전복
해녀박물관
다희연
비자림
다랑쉬오름
제주레일바이크
오조해녀의 집
오름나그네
거문오름
광치기 해변
해마루
라포레사려니
1132
1118
1136
1136
1136
1112
1132
97
1136
1112
1119
1131
1112
사려니숲길
제주경주마육성목장
97
1118
1119
1119
1136
1132
정석항공관
따라비오름
1136
97
김영갑두모악갤러리
솔밭가든
나목도식당
사라오름
1131
1119
1136
비엘바이크
1118
흑돼지고을
1119
1136
제주민속촌
1132
휴애리자연생활공원
1115
1131
1136
라꼼마
1136
1132
코코몽에코파크
고랑몰랑
1132
남원큰엉
쌍둥이횟집
제지기오름
기억나는 집
어진이네 횟집
황우지 해안

INDEX

◆◆◆
제주시
확대 지도

설심당
빅토리아
도두봉
제주국제공항
제주목관아
해운대활어직매장
/서울떡볶이
사라봉과 별도봉, 산지 등대
두맹이 골목
동문시장
민속자연사박물관
소드래
삼성혈
롯데시티호텔 씨카페
사랑 담은 해물
꺼멍
마농
모이세해장국
제라한 보쌈
다정
달그락 화덕피자집
넥슨컴퓨터박물관
인트
광이오름
제주도립미술관
산천단

INDEX

1

당신에게
보여주고 싶은
제주의 오름

　　　　'오름'은 제주도 기생화산을 뜻하는 단어입니다. 기생화산이라는 딱딱하고 교과서적인 말과 달리 '오름'은 참 아늑하고 포근한 단어라고 생각해요. 처음엔 생전 처음 들어보는 이 단어가 낯설고 '무슨 이런 이상한 단어가 다 있나'라는 생각도 들었지만, 제주도 전역에서 잘 보이고 누구나 쉽게 오를 수 있는 오름의 특징을 가장 잘 담아낸 낱말이랍니다.

아직까지 많은 분들이 오름 여행의 즐거움을 잘 모릅니다. 저 또한 제주도에 사는 1년 동안 오름보다는 에메랄드빛 바다에 더 푹 빠져있었으니까요. 하지만 제주도 여행을 한두 번 오셨던 분들이라면 이제는 꼭 오름을 올라보시길 권하고 싶습니다. 아마 제주의 바다보다 더한 감동을 제주의 오름에서 느낄 수 있을 거예요. 제주도의 유명한 관광지들을 다니다 보면 날마다 변해가는 제주도의 모습에 안타까울 때가 있습니다. 하지만 대부분의 오름이 위치해 있는 중산간 지역을 가보면 순수하고 때묻지 않은 진짜 제주의 모습을 볼 수 있어 마음의 위안을 얻곤 한답니다.

제주도에는 368개의 오름이 있습니다. 그 수많은 오름 중에서 오르기 쉽고 풍경이 멋진 몇 군데를 소개할게요.

제주도 오름 중 가장 유명한 오름은 용눈이오름과 아부오름, 산굼부리입니다. 오름을 한 번도 올라보지 않았다면 일단 이 세 오름을 먼저 가보길 추천해 드립니다. 용눈이오름은 어린아이가 오를 수 있을 정도로 경사가 완만하지만 용눈이오름이 보여주는 풍경은 아주 근사합니다. 개인적으로 제가 가장 사랑하는 오름이기도 합니다. 또, 아부오름은 정상까지 오르는 시간이 길어야 10분 정도이고 분화구의 모습이 특이해서 많은 분들이 찾고 있습니다. 영화 〈연풍 연가〉나 〈이재수의 난〉의 촬영지이기도 해요. 마지막으로 산굼부리는 입장료를 받는 유일한 오름입니다. 그만큼 관리가 잘 되어 있고 특히, 가을철에는 억새로 유명해요.

◇◇◇◇◇◇◇◇◇◇◇◇

∴ 억새가 피는 가을 꼭 방문해봐야 할 오름 ∴

따라비오름, 새별오름, 산굼부리

제가 살고 있는 집 가까이에 도두봉이 위치해 있습니다. 이렇게 가까운 도두봉을 1년 가까이 모르고 살다가 우연히 가게 되었답니다. 등잔 밑이 어둡다고 집에서 먼 곳으로만 여행을 다녔는데 지금이라도 도두봉을 발견하게 돼서 참 다행이에요.

도두봉은 제주시에서 선정한 숨은 비경 31에 해당하는 곳이고 올레길 17코스에 속하는 곳이랍니다. 그렇지만 여전히 아는 분들만 찾아오는 숨겨진 보물 같은 장소예요. 제주시민들에게는 동네 뒷산 정도에 해당되는 곳이지만 뒷산으로만 남기에는 아주 기가 막힌 풍경을 가지고 있답니다.

높이 65m에 불과한 도두봉은 용두암~이호해안도로와 이호테우 해변 중간쯤에 위치해 있습니다. 낮고 아담해서 겉으로 보기엔 별 보잘것없는 오름이지만 정상에 올라서면 정말 끝내주는 풍경이 기다리고 있습니다.

걸어서 5분 정도면 정상에 도착해요. 사방이 탁 트이면서 한쪽으로는 바다가 펼쳐지고, 다른 한쪽으로는 한라산이 우뚝 서 있습니다. 한라산과 그 아래 작은 오름들의 모습은 마치 어머니가 자식들을 품고 있는 듯합니다.

무엇보다 일상이 따분해서 어디론가 떠나고 싶을 때 도두봉을 찾으면 참 좋습니다. 그리 많지도 적지도 않은 사람들이 항상 도두봉 정상에 있어서 좋고요. 공항 근처에 위치해 있기 때문에 한라산을 배경으로 비행기가 이륙하거나 착륙하는 모습을 볼 수 있답니다. 착륙하는 비행기를 보면, 멋진 여행계획과 설레는 마음을 갖고 사랑하는 사람들과 함께 제주도를 찾는 여행자들의 모습이 눈에 선합니다. 어디론가 훌쩍 떠나고 싶을 땐 이륙하는 비행기들을 보며 제 마음도 같이 떠나보내곤 한답니다.

또, 마음이 어수선할 때는 일몰을 보며 생각을 정리하기 참 좋은 곳입니다. 바다 아래로 사라지는 해를 보며 오늘 하루와 내 자신을 되돌아보기도 하고, 사랑하는 가족의 소중함을 다시 한번 깨닫기도 하는 이런저런 생각의 시간을 주거든요. 일몰이 워낙 아름답기 때문에 날씨가 좋은 날에는 사진작가들이 꽤 모이기도 한답니다.

무엇보다 여행자 입장에서는 공항 근처에 위치해 있기 때문에 공항 가기 전 가볍게 들르기 딱 좋은 곳이랍니다. 도두봉이 있는 용두암~이호해안도로에는 분위기 좋은 커피숍이나 레스토랑도 많으니 출출한 배를 채우기도 좋습니다.

여러 가지 매력을 가지고 있는 도두봉에 올라보세요.

주소 제주시 도두동 산 1
주차장 무료
여행팁 내비게이션에 '아모렉스 리조트'를 검색하는 것이 편리합니다.
　　　리조트 길 건너편에 도두봉 주차장이 있습니다.

📍 **지역** 제주시
📊 **난이도** 하
🕐 **정상까지** 20분(수목원 입구에서부터)

앞서 소개한 도두봉과 함께 공항에 가깝게 있는 것이 바로 한라수목원입니다. 근처에 아파트들이 있어 제주시민의 휴식공간이 되면서 관광객들에게도 꾸준히 사랑받고 있는 곳이에요.

가볍게 산책하며 수목원을 둘러볼 수 있을 뿐만 아니라 수목원 안쪽으로는 광이오름이 있어 두 곳을 모두 둘러볼 수 있는 일석이조인 곳이에요.

저희 집 가까이에 한라수목원이 있어 산책 삼아 자주 나가곤 하는데, 사진을 찍으러 간 날은 하필 겨울이었네요. 앙상한 나뭇가지만 남아 있지만 그래도 참 멋있는 곳이에요. 꽃이 피는 봄에는 정말 환상적인 곳이랍니다. 벚꽃이 필 때에는 수목원 가는 길부터 벚꽃이 만개해 있어요.

오늘은 수목원을 둘러보는 것보다는 광이오름에 오르는 것을 목표로 하고 찾았습니다. 수목원 내에는 안내표지판이 잘 되어 있어 쉽게 찾을 수 있습니다.

주소 제주시 연동 1000(제주시 수목원길 72)
전화번호 064-710-7575
홈페이지 sumokwon.jeju.go.kr
시간 24시간 연중
     (가로등 점등 시간 04:00~23:00)
입장료 무료
주차장 무료

산림욕장이 바로 광이오름으로 가는 곳이랍니다.

광이오름을 오르는 길에 뜻밖의 손님인 노루를 만났네요. 다른 곳에서 만났던 노루와 달리 한라수목원 노루는 사람을 많이 만난 모양이에요. 도망가지 않고 저를 쳐다보기도 하며 무심히 풀 먹기에 집중하고 있답니다.

금세 도착한 광이오름 정상 벤치에 앉아 땀을 식히며 주변 풍경을 둘러보았습니다. 앞쪽으로는 빼곡히 들어선 제주시내의 아파트들이 보입니다. 제주도에도 아파트들이 옹기종기 참 많이 있네요. 그리고 그 사이로 도두봉도 보입니다. 고개를 돌려 뒤를 보면 눈 쌓인 한라산과 그 주변 오름들도 보여요.

수목원 구경도 하고 오름도 오르고 도심 속에서 이런 호사를 누릴 수 있는 것이 행복이네요. 또, 자연생태체험학습관도 있어 함께 둘러봐도 좋습니다.

제주시민들이 모여 사는 제주시는 구제주와 신제주로 나눌 수 있습니다. 구제주 쪽에는 제주항과 법원, 도청, 터미널 등이 모여 있고, 그 후 개발된 신제주 쪽에는 공항과 대형 마트가 있습니다. 신제주의 동네 뒷산에 해당하는 곳이 광이오름이라면 구제주의 동네 뒷산은 바로 사라봉과 별도봉입니다. 제주도에 산다는 것은 바로 도심 속에 이런 숲과 자연이 가까이 있다는 것 아닐까 싶어요.

예부터 지는 해가 고와 '사라'라는 이름이 붙은 사라봉은 이곳에서 바라보는 일몰이 아름답기로 유명합니다. 제주도의 아름다운 풍경 열 곳을 뽑아놓은 영주 10경 중 두 번째인 '사봉낙조'가 바로 이곳 사라봉에 해당된답니다.

약 148m로 비교적 낮은 오름인 사라봉은 길이 평탄해서 오르기 쉽습니다. 사라봉 정상에 있는 망양정에서는 짐을 싣고 나르느라 바쁜 제주항의 모습과 신제주 쪽의 모습이 눈에 들어옵니다. 운동기구들이 설치되어 있어 열심히 운동하는 제주시민들의 모습도 보이네요.

사라봉 맞은편으로는 별도봉이, 옆으로는 산지 등대가 위치해 있습니다. 별도봉과 산지 등대는 모두 제주시가 선정한 숨은 비경 31에 속하는 곳들이랍니다. 별도봉은 올레 18코스의 일부입니다. 별도봉은 장수 산책로를 가지고 있는데, 멋진 해안 절벽을 끼고 나 있는 1.8km의 산책로예요.

100년 역사를 가지고 있는 산지 등대는 1916년에 세워졌습니다. 처음에는 무인 등대였지만 1917년 유인 등대로 바뀌었어요. 제주도의 첫 관문인 제주항을 지키는 산지 등대의 하얀 색깔은 파란 하늘, 파란 바다와 유난히 대조되었습니다.

산지 등대의 이색적인 점은 바로 등대에서 하룻밤 무료 숙박체험이 가능하다는 것입니다. 물론 경쟁률이 어마어마하지만 당첨만 된다면 등대에서 낭만적인 하룻밤을 보낼 수 있겠네요. 제주 밤바다를 지키는 수호신 역할을 할 뿐만 아니라 지금은 관광 자원으로서의 역할도 톡톡히 하고 있는 참 착한 산지 등대랍니다.

사라봉과 별도봉, 산지 등대는 함께 모여 있어 같이 둘러보기 좋습니다.

산지 등대

주소 제주시 건입동 340
전화번호 064-722-5707
시간 09:00~18:00
입장료 없음
주차장 무료

산지 등대 숙박체험

체험신청 제주해양관리단 홈페이지 jeju.mof.go.kr
　　　　　　→해양관광정보→등대체험안내
신청기간 사용전월 1일~10일 사이
이용대상 초, 중, 고등학생을 동반한 가족

별도봉 장수 산책로에서 보이는 풍경

사라봉 정상에서 보이는 풍경

너를 보면 뿌듯해
거문오름

지역 중산간
난이도 중
분화구코스 2시간 30분

2007년 제주도가 우리나라 최초로 유네스코 세계자연유산으로 지정되었습니다. '제주 화산섬과 용암동굴'이라는 이름으로 지정된 제주세계자연유산은 한라산과 거문오름 용암동굴계, 성산일출봉입니다.

거문오름 용암동굴계는 수만 년 전 거문오름의 폭발로 용암이 지표를 따라 흐르면서 만들어졌습니다. 현재까지 김녕굴, 뱅뒤굴, 당처물동굴, 만장굴 등 9개의 동굴이 발견되었는데 그중 만장굴은 일반인에게 공개되는 유일한 동굴이지요.

그렇기 때문에 거문오름은 제주도의 수많은 오름들 중에서도 분명 특별한 오름입니다. '거문'이라는 말은 제주도 말로 '검다'라는 뜻인데, 나무가 무성해서 오름이 검게 보인다 하여 이런 이름이 붙었습니다.

세계자연유산인 거문오름을 탐방하기 위해서는 까다로운 조건이 붙습니다.

우선, 해설사 동행하에서만 탐방이 가능하기 때문에 사전 예약을 해야 합니다. 또, 1일 탐방 인원수를 400명으로 제한하고 있기 때문에 거문오름을 탐방하고자 하는 분은 서두르는 것이 좋습니다.

예약 후 거문오름 탐방안내소를 방문하면 탐방 출입증을 주는데, 이 출입증을 목에 걸고 거문오름을 탐방하는 것이 전 굉장히 뿌듯했습니다. 9시부터 오후 1시까지 30분 간격으로 탐방을 출발하며 운동화 착용(샌들, 하이힐, 슬리퍼 등 금지)은 필수랍니다. 또, 우산과 양산, 스틱과 아이젠은 금지되며, 생수 외 음식물 반입도 금지입니다. 참 까다로운 조건이라고 생각될 수 있지만 사람이 무심코 한 행동에 의해 거문오름이 많이 훼손되고 있기 때문이에요.

거문오름은 4가지 코스로 이루어져 있습니다. 정상 코스, 분화구 코스, 능선 코스, 전체 코스입니다. 이 중 많은 분들이 분화구 코스를 선택해요. 태극 모양을

코스 안내

1 정상 코스 약 1.8km(1시간)
2 분화구 코스 약 5.5km(2시간 30분)
3 능선 코스 약 5.0km(2시간)
4 전체 코스 약 10km(3시간 30분)

닮아 '태극길'이라고도 불리는 분화구 코스는 직접 거문오름의 분화구 내부를 걸어볼 수 있다는 것이 굉장히 인상적이었습니다.

분화구 내부는 볼거리도 많아 숯가마터와 풍혈, 그리고 태평양 전쟁 당시 일본이 파놓은 일본군 갱도진지 등을 관찰할 수 있었습니다. 제주도 여행을 다닐 때마다 어디서든 잘 보이는 일본군 갱도진지가 세계자연유산인 거문오름에까지 있었다는 사실이 참 가슴 아팠습니다.

매년 7월이면 거문오름 국제트레킹대회가 약 보름 정도 개최됩니다. 이때에는 사전 예약 없이 탐방 가능하며 평소 개방하지 않는 용암길까지 걸어볼 수 있는 기회를 얻을 수 있습니다.

거문오름 옆으로는 세계자연유산센터가 들어서 있습니다. 거문오름 용암동굴계와 곶자왈, 주상절리나 화석층 등 제주도의 자연에 대해 사실적이고 생생하게 설명해 놓았기 때문에 거문오름 탐방 전후로 꼭 들러보는 것이 좋습니다.

거문오름

주소 제주시 조천읍 선흘리 478(제주시 조천읍 선교로 569-36)

전화번호 064-710-8981

시간 09:00~13:00

휴무일 매주 화요일

입장료 어른 2,000원, 청소년 및 어린이 1,000원

주차장 무료

탐방 예약 세계자연유산센터 홈페이지에서 예약 가능(문의 전화:1800-2002)

세계자연유산센터

주소 제주시 조천읍 선흘리 478(제주시 조천읍 선교로 569-36)

전화번호 064-710-8980

홈페이지 wnhcenter.jeju.go.kr

시간 09:00~18:00

입장료 어른 3,000원, 청소년 및 어린이 2,000원

주차장 무료

해발 382m의 다랑쉬오름은 제주도 동쪽 중산간 지역을 여행하다 보면 눈에 잘 뜨입니다. '오름의 여왕'이라는 별명을 갖고 있는 오름답게 그 높이와 도도한 자태가 주변을 압도해요. 주변 오름들이 상대적으로 완만하고 낮아서 더욱 그렇게 보일 수도 있답니다. 몇 번을 다랑쉬오름 앞에 갔지만 늘 이런저런 핑계를 대며 오르지 않았는데 오늘은 맘먹고 올라보았습니다. 하필 햇살이 강하게 내리쬐는 7월에 말이죠.

다랑쉬오름 입구에는 다른 오름과 달리 탐방안내소까지 마련되어 있습니다. 오르기 전에 잠시 들러 봐도 좋겠네요. 다랑쉬오름은 정상 분화구가 마치 달처럼 둥글게 보인다 하여 '월랑봉'이라고도 불립니다. 제주도의 368개의 오름 중에서 상당히 난이도가 있는 오름이에요. 오르는 시간도 약 30분 정도로 꽤 긴 편이고, 경사가 있어 중간중간 가파른 곳도 조금 있으니까요. 다랑쉬오름 탐방

아끈다랑쉬오름

분화구

은 정상까지 올라 분화구를 한 바퀴 돌아 내려오면 됩니다.

조금만 오르기 시작하면 다랑쉬오름의 동생인 아끈다랑쉬오름이 보입니다. '아끈'은 제주도 말로 '작다'라는 뜻을 가지고 있습니다. 밥그릇을 엎어놓은 것 같은 아끈다랑쉬오름이 있어 다랑쉬오름은 외롭지 않을 것 같아요.

정상에 올라서면 거대한 분화구가 보입니다. 도도한 자태만큼 아찔하게 큰 분화구를 가지고 있네요. 다랑쉬오름의 분화구는 한라산 백록담과 비슷한 크기를 가지고 있다고 알려져 있습니다. 이런 분화구를 보는 즐거움에 오름을 오르지 않나 하는 생각이 드네요.

분화구를 한 바퀴 걸으면 제주도 풍경이 파노라마처럼 펼쳐집니다. 동쪽으로는 아끈다랑쉬오름과 함께 멀리 성산일출봉과 우도가 보입니다. 또, 다랑쉬오름 앞쪽으로는 사랑하지 않을 수 없는 용눈이오름과 풍력발전기가 보이네요.

아기자기한 해안의 풍경과 한라산도 눈에 들어옵니다.

오름의 여왕답게 다이내믹한 풍경을 가지고 있는 다랑쉬오름이었습니다.

주소 제주시 구좌읍 세화리 산 6
입산통제기간 봄철(2월 1일~5월 15일), 가을철(11월 1일~12월 15일)
입장료 무료
주차장 무료

해안 풍경

또 다른 오름의 여왕
따라비오름

📍 **지역** 중산간
📊 **난이도** 중
⏱ **정상까지** 30분

가을이 무르익어가는 어느 날, '이맘때쯤 되면 억새가 예쁘게 피었겠구나' 하는 생각이 들었습니다. 그리고 그동안 방문하기를 아껴 두었던 따라비오름이 떠올랐지요. 억새가 예쁘기로 소문난 오름이니까요.

제주도에는 오름의 여왕이라고 불리는 오름이 두 개 있습니다. 앞서 소개한 다랑쉬오름과 이번에 소개할 따라비오름이에요. 두 오름의 모양이나 특징이 확연히 달라 비교대상이 아니지만 굳이 비교한다면 다랑쉬오름은 '오름의 왕'으로, 따라비오름은 '오름의 여왕'으로 부르는 게 어떨까 싶어요.

도도하고 웅장한 자태, 가파른 경사와 거대한 분화구를 가진 다랑쉬오름은 강하고 남성적인 느낌이 들어요. 반면, 따라비오름은 우아하고 부드러운 능선과 가을이면 나풀거리는 억새로 인해 여성적이고 포근한 오름이랍니다. 제주도에서 부드러운 능선을 가진 오름은 용눈이오름과 따라비오름이에요.

따라비오름은 표선면 가시리 마을 안 깊숙이 숨어 있습니다. 이 길로 가면 정말로 오름이 있긴 하는 걸까 하는 생각이 들 정도였지만 가시리 마을 주민들이 만들어 둔 안내 표지판 덕분에 겨우 찾을 수 있었답니다.

따라비오름 정상에 서면 동쪽 중산간에 위치한 오름들이 한눈에 다 보입니다. 먼저, 삼나무들이 굉장히 인상적인 곳에 위치한 새끼오름이 보여요. 그리고 다른 한쪽으로는 모지(어머니)오름과 장자(큰아들)오름이 보입니다. 이렇게 따라비오름 주변으로는 엄마, 아들, 새끼가 모여 있어 한 가정을 이루는데, 따라비오름이 그중에서도 가장이어서 '따애비'라고 불렸고 지금은 '따라비'라고 불립니다.

따라비오름은 하나의 산이지만 3개의 분화구를 가지고 있습니다. 그래서 분화구 사이사이의 길을 걸어볼 수 있는데요, 분화구 안에는 억새가 가득 차 있습니다. 눈이 시릴 정도로 하얀 눈이 소복이 쌓인 듯, 하얀 쌀밥을 흩뿌려 놓은 듯하네요.

따라비오름 안에서는 사람조차 풍경이 되는 아름다움을 느낄 수 있답니다. 가을 어느 날 제주를 여행 중이시라면 따라비오름을 잊지 마세요.

주소　서귀포시 표선면 가시리 산 62
입장료　없음
주차장　무료

새끼오름

큰사슴이오름

하늘 호수
사라오름

- **지역** 한라산 성판악
- **난이도** 상
- **정상까지** 2시간 30분

제주도 오름의 이름은 어쩜 이렇게 하나같이 다 예쁜 걸까요? 이번엔 사라오름입니다. 사라오름은 제주도에 있는 368개의 오름 중 가장 높은 곳에 위치해 있습니다. 바로 1324m에 있는데, 한라산 백록담을 볼 수 있는 성판악 코스 중간쯤에 자리 잡고 있습니다. 오랜 시간 동안 일반인에게 공개되지 않다가 2010년 가을에 드디어 공개되어 지금까지 꾸준한 사랑을 받고 있답니다.

사라오름은 일단 한라산 성판악 탐방안내소에서 시작합니다. 성판악에서 백록담으로 가는 중간 약 5.8km쯤에 사라오름 입구 갈림길이 있어요. 그래서 많은 분들이 백록담을 보고 내려오는 길에 사라오름에도 들르곤 한답니다. 저 또한 백록담 등반을 한 후 사라오름 갈림길에서 얼마나 망설였는지 모른답니다. 사라오름 갈림길에서 사라오름 정상까지는 다시 0.6km로 왕복 40분이 더 소요되기 때문이에요. 결국 그날 다리가 너무 아프다는 핑계로 사라오름을 오르지 않

속밭 대피소

사라오름 입구 갈림길

고 내려와 버렸는데 나중에 얼마나 후회했는지 모른답니다. 사라오름 갈림길에는 저처럼 망설이고 있는 분들이 꽤 많이 있어요.

그 후 가을 태풍이 오고 난 다음 사라오름 분화구에 물이 많이 찼다는 소식이 들려왔습니다. 예전에 오르지 못했던 기억이 떠올라 이번에는 백록담이 아닌 사라오름만을 보기 위해 성판악 탐방안내소를 다시 찾았네요.

한라산 성판악 코스의 초반부는 비교적 오르기 쉽습니다. 그래서 사라오름까지 시간은 다소 많이 걸리지만 편안하게 다녀올 수 있습니다. 삼나무가 가득한 속밭을 지나면 속밭 대피소가 나타납니다. 대피소에 앉아 간단히 간식을 먹은 후 다시 출발하면 어느새 사라오름 갈림길에 도착해요. 이번에는 주저 없이 사라오름 쪽으로 발걸음을 옮겼습니다.

나무데크 계단길을 열심히 올라가면 와 하는 탄성이 절로 터져 나옵니다. 하늘과 맞닿은 듯한 분화구에 물이 한가득 고여 있네요. 그 위로 놓인 나무데크길을 천천히 걸으면 마치 호수 위를 걷는 듯한 느낌이 듭니다. 정말 비가 많이 온 후에는 나무데크길마저 물에 잠겨 신발과 양말을 벗고 걷지만 그 행운은 아무에게나 찾아오지 않나 봅니다. 하얀 운무는 순식간에 와서 산정호수를 감추었다가 어느새 사라져서 다시 아름다운 모습을 보여줍니다. 나무데크길 끝에 있

속밭

는 전망대는 아쉽게도 안개가 가득해서 멋진 전망을 볼 수 없었지만 물이 가득한 산정호수를 본 것만으로도 만족스러웠습니다.

내려오는 길, 사라오름 갈림길에서 한 등산객을 만났습니다. 예전의 저처럼 그 앞에서 갈등하고 계시는 분을요. 저에게 물이 있었냐고 물으시기에, 물이 가득하니 꼭 가보시라고 추천해 드리고 내려왔습니다.

작은 백록담이라고도 불리는 사라오름 산정호수. 마치 선녀들이 목욕하는 호수처럼 아름다웠답니다.

성판악 탐방안내소

주소 제주시 조천읍 교래리
전화번호 064-725-9950
통제시간(하산기준) 동절기 15:00, 하절기 16:00
휴무일 없음
주차장 무료
여행팁 성판악 탐방안내소 외에는 매점이 없습니다. 물과 간단한 간식 등은 미리 준비하는 것이 좋습니다.

분화구

전망대

지역 서귀포

난이도 하

정상까지 15분

혹시 '자리'를 아시나요? 제주도에서 '자리'라 하면 아기 손바닥만큼 작은 크기에 갈색빛을 띠는 물고기를 말합니다. 저는 이 물고기를 제주도에 살면서 처음 알게 되었는데요, 자리는 물회, 젓갈, 구이 등으로 많이 먹습니다. 제주도 식당에서 종종 자리 음식을 만나게 되면 한번 맛보셔도 좋을 것 같습니다. 참 맛있는 물고기랍니다. 이렇게 자리 이야기를 하는 이유는 제지기오름이 위치한 보목마을이 바로 이 자리로 유명한 동네이기 때문입니다.

제지기오름은 오름 남쪽의 굴이 있는 곳에 절과 절지기가 있어 '절지기오름'이라고 불리던 것이 지금은 와전되어 제지기오름이라고 불립니다. 현재 절이나 절지기의 모습은 찾아볼 수 없습니다.

올레 6코스가 지나기도 하는 제지기오름은 서귀포 앞바다와 가깝습니다. 그래서 제지기오름 앞으로는 보목포구와 섶섬이 있답니다. 섶섬의 모습이 제지기

보목포구에서 바라본 제지기오름

섶섬이 보이는 풍경

오름과 똑같지 않나요? 쌍둥이 모습을 한 섶섬과 제지기오름은 하나는 바다에서, 하나는 땅 위에서 서로를 그리워하듯 마주보고 있답니다.

아담한 제지기오름은 정상까지 모두 계단으로 되어 있고, 약 15분 정도면 쉽게 오를 수 있습니다. 정상에는 벤치와 운동기구들이 설치되어 있어 마을 주민들의 쉼터가 됨을 알 수 있네요. 실제로 제지기오름을 오르는 사람들은 주민들과 관광객이 절반씩 섞여 있답니다.

정상에 올라서면 나뭇가지가 만들어 낸 멋진 액자 사이로 섶섬과 보목포구가 눈에 들어옵니다. 또, 주민들이 옹기종기 모여살고 있는 서귀포 시내와 저 멀리 문섬과 범섬까지 보이네요.

다른 한쪽 전망대에서는 '지귀도'라는 섬이 보입니다. 저는 그동안 서귀포 바다에 떠 있는 섶섬, 문섬, 범섬만 알았는데 지귀도라는 무인도도 있네요. 낚시꾼들에게 사랑받는 지귀도는 섬의 높이가 불과 14m밖에 되지 않아 평평한 접시 모양을 하고 있습니다. 저 멀리 지귀도의 하얀 등대가 보여요.

서귀포를 여행하며 만날 수 있는 제지기오름. 가볍게 오르기 괜찮답니다.

주소 서귀포시 보목동 275-1
입장료 무료
주차장 오름 앞 공터 주차

서귀포 시내 풍경

게으름뱅이인 저에게 수월봉은 참 착한 오름입니다. 그 이유는 제주도 오름 중에 가장 쉽게 오를 수 있지만 아주 근사한 풍경을 보여주기 때문이지요. 차로 정상까지 갈 수 있기 때문에 '수월하게 오를 수 있어 수월봉일까?' 하는 생각을 잠시 했는데 수월봉에는 하나의 전설이 내려옵니다.

옛날 수월이와 녹고라는 남매가 병든 어머니를 모시고 살았습니다. 어머니의 병을 고치기 위해 100가지 약초를 구하던 중 99개는 구했지만 한 가지, 오갈피를 구하지 못했습니다. 마침 바닷가를 지나가던 중 절벽에 있는 오갈피를 보고 여동생 수월이가 올라가다 그만 떨어져 죽고 말았네요. 이에 오빠인 녹고가 슬픔에 빠져 17일 동안 눈물을 흘렸고 이러한 이야기가 전해져 '수월봉'이라는 이름으로, 또 '녹고물 오름'이라는 이름으로도 불립니다.

수월봉에서 보이는 한라산

수월봉에서 보이는 차귀도

높이 77m인 수월봉은 오름이지만 분화구가 없습니다. 대신, 수월봉에 올라서면 탁 트인 바다 전망이 일품입니다. 오름에 올라서 바다를 바라볼 수 있다는 것이 수월봉이 주는 매력이에요. 수월봉에서 바라보이는 섬은 배낚시로 유명한 차귀도입니다. 또, 차귀도 옆으로는 신창용수 해안도로의 상징인 하얀 풍차도 보이네요.

이런 바다 전망뿐만 아니라 바로 옆으로는 수월봉의 친구인 당산봉이 있고, 수월봉 뒤로는 바라만 보아도 흐뭇한 한라산이 선명하게 다가옵니다.

이뿐만 아니라 수월봉에는 마이크 모양의 하얀 건물이 있습니다. 바로 고산기상대인데요, 우리나라에서 가장 바람이 센 곳에 위치한 고산기상대는 한반도를 지나가는 모든 바람을 관측하는 아주 중요한 역할을 하고 있습니다. 센스가 돋보이는 건물에서 날마다 멋진 풍경을 바라보며 일하시는 분들이 참 부러웠습니다.

수월봉 아래로는 해안을 따라 걸을 수 있는 '엉알길'이 있습니다. '엉알길'은 낭떠러지 아래 길이라는 뜻인데, 수월봉 아래에서부터 자구내포구까지 이어지는 약 2km 가량의 해안길이에요. 엉알길에서는 앞서 말한 녹고가 흘린 눈물을 만날 수 있고, 일본군 갱도진지를 볼 수 있습니다.

그러나 무엇보다 엉알길의 매력은 화산층이 켜켜이 쌓여 있는 모습입니다. '화산학의 교과서'라고도 불리는 이곳은 2010년 세계지질공원의 대표명소 12곳 중 한 곳으로 지정되었습니다. 그 후 수월봉을 알리기 위해 2011년부터 매년 여름에 '수월봉 트레킹' 행사가 열리고 있습니다. 이 행사는 수월봉 엉알길 코스, 당산봉 코스, 차귀도 코스 등의 다양한 길을 걸으며 수월봉을 만날 수 있어 인기를 끌고 있답니다.

엉알길 끝에는 자구내포구가 있습니다. 제주도의 수많은 포구 중에서 자구내포구가 인기를 끌고 있는 이유는 바로 차귀도와 준치 때문입니다. 준치는 오징어와 한치의 중간 크기 정도에 해당해요.

차귀도의 해풍은 준치가 마르기 딱 좋다고 알려져 있는데요, 차귀도를 배경으로 준치 말리는 모습이 이곳의 볼거리입니다. 준치 파는 가게에서 즉석에서 구워준 준치 한 마리를 차귀도를 바라보며 후딱 먹었네요. 껍질을 벗긴 후 반건조시킨 준치는 딱딱하지 않고 말캉거리면서 적당히 쫄깃쫄깃했습니다.

수월봉

주소 제주시 한경면 고산리 3763
주차장 무료
여행팁 수월봉 옆으로는 신창용수 해안도로가 있어 드라이브하기 좋습니다.

일본군 갱도진지

엉알길

: 간단 정보 :

제주도는 2010년 우리나라 최초로 유네스코 세계지질공원으로 지정되었습니다. 제주도 섬 전체가 지질공원이며 12곳이 대표 명소로 선정되었습니다.

대표 명소 : 한라산, 만장굴, 성산일출봉, 서귀포층, 천지연폭포, 주상절리대, 산방산, 용머리해안, 수월봉, 우도, 비양도, 선흘곶자왈

차귀도
자구내포구
당산봉
엉알길
1132번 도로
수월봉
고산기상대

제주도 서쪽에 있는 오름 중 새별오름(60쪽)과 함께 유명한 오름이 바로 저지오름이에요. 저지오름은 일반 오름과 다른 점이 참 많답니다.

먼저, 제주도 대부분의 오름은 나무가 많지 않은 민둥산이 많은 데 반해 저지오름은 나무가 참 많습니다. 그래서 저지오름은 산을 오른다기보다는 마치 숲길을 걷는 느낌이 들 정도로 푸르고 울창한 숲이 있습니다. 2007년 제8회 아름다운 숲 전국대회에서 대상을 차지하기까지 한 아름다운 숲이랍니다.

저지오름은 이런 겉모습만 아름다운 오름이 아닙니다. 아름다운 숲을 만들기 위해 저지리 주민들이 나무를 심고 가꾸는 등 함께 힘을 모았다고 하니 더 의미 있고 아름다운 숲인 것 같습니다.

또 하나 다른 점은 대부분의 오름 길은 정상을 가는 것을 목표로 해서 길이 나 있습니다. 물론 오르고 내리면서 주변 풍경을 즐길 수 있지만 오름을 올라가는 목적은 정상을 가기 위한 것이지요. 그런데 저지오름의 길은 정상을 향해

곧장 가는 것이 아니라 오름 둘레를 빙 돌아 나 있습니다. 그래서 경사가 있는 길보다는 숲길처럼 평탄한 길이 많습니다. 이렇게 길을 만든 데에는 아마 숲이 아름다우니 천천히 즐기며 정상으로 향하라는 뜻이 있지 않을까 하는 생각이 들어요.

아름다운 숲이 있는 저지오름은 올레길 13코스에 해당되기도 합니다.

주소 제주시 한경면 저지리 산 51
주차장 길가 주차

분화구

정상 전망대

이름이 참 예쁘지 않나요? 새별오름. '초저녁에 외롭게 떠 있는 샛별 같다'는 뜻에서 이런 이름이 붙은 오름이에요.

새별오름은 제주도 서쪽에 위치한 1135번 평화로 중간쯤에 위치해 있습니다. 1135번 평화로는 제주시와 중문을 잇는 도로랍니다. 제주시에 사는 저는 중문을 참 잘 가곤 하는데, 독특한 모양새 때문에 멀리서도 눈에 띄는 오름이라 처음엔 상당히 궁금했었습니다.

새별오름은 두 가지로 유명한 오름입니다. 첫 번째는 바로 '들불 축제'입니다. 온 제주도민과 관광객들이 관심을 가질 정도로 성대하게 열리는 들불 축제는 나라에서 허락한 유일한 불놀이 축제입니다.

말과 소를 많이 키우는 제주도 사람들은 옛날부터 말과 소를 오름과 들판에 방목해서 키웠습니다. 그러다가 겨울이 되면 묵은 풀과 해충을 없애기 위해 불을

놓곤 했는데, 그런 풍습에서 들불 축제가 유래되었습니다.

들불 축제는 1997년에 시작되어 그동안 정월대보름을 전후로 해서 열렸습니다. 하지만 눈비, 강한 바람과 추위 등 제주도의 변화무쌍한 날씨로 인해 축제를 개최하는 데 어려움이 많아 현재는 봄이 움트는 경칩이 속해 있는 주말에 열리곤 합니다.

한 해의 무사안녕을 기원하는 축제로 자리 잡은 들불축제는 오름에 불 놓는 행사뿐만 아니라 먹을거리, 즐길 거리 등이 다양하게 준비되어 있습니다.

두 번째로 유명한 것은 바로 가을철 억새입니다. 앞서 소개한 따라비오름과 함께 억새가 피는 가을날 꼭 가봐야 할 곳이랍니다. 새별오름은 나무 한 그루 없는 민둥산인데, 그 민둥산에 억새가 가득 피어 장관을 연출합니다.

오르는 길이 상당히 난이도가 있는 편이라 헉헉거리며 올랐네요. 519.3m라고 적힌 새별오름 표지석을 보니 정상에 올랐다는 뿌듯함을 느꼈습니다. 아래에서 올려다본 새별오름이 억새로 인해 눈이 부셨다면 정상에서는 탁 트인 풍경으로 눈이 부시네요. 동쪽으로는 한눈에도 선명한 한라산이 보이고 몸을 돌려 뒤를 보면 제주도 서쪽 바다의 풍경이 펼쳐집니다. 서쪽 바다에 동동 떠 있는 비양도의 모습도 아련하게 보이네요.

오름은 참 좋은 점만 가지고 있는 것 같아요. 산은 다이내믹한 풍경을 가지고 있는 대신 시간이 오래 걸리고 힘들어요. 또, 동네 언덕은 오르기 쉽지만 풍경이 좋지 않지요. 하지만 오름은 짧은 시간에 멋진 풍경을 선사해 주니 오름을 사랑하지 않을 수 없네요.

반짝반짝 빛나는 샛별과 같은 새별오름. 한번 올라보세요.

주소 제주시 애월읍 봉성리 산 59-8
주차장 무료
여행팁 등산로가 여러 곳 있습니다.

한라산을 가고 싶지만 일정이 빠듯해서 또는 체력이 약해서 오랜 시간 등산이 부담스러우신 분들에게 추천해 드리고 싶은 곳이에요. 바로 한라산의 땅을 가까이 밟아볼 수 있는 어승생악입니다. 어승생악은 한라산 가까이 있지만 어승생악만의 분화구를 가진 단독 오름이랍니다.

어승생악 입구는 한라산 등반 코스 중의 하나인 어리목 주차장에 자리 잡고 있습니다. 어승생악 정상의 높이가 1169m이지만 어리목 주차장이 970m에 위치해 있기 때문에 비교적 짧고 오르기 쉬운 코스예요.

저는 유난히 날씨가 좋은 가을에 어승생악을 방문했습니다. 많은 관광객들도 어승생악과 한라산을 오르기 위해 방문했네요. 특히, 어승생악은 짧은 코스 때문에 중국인 관광객의 사랑을 받고 있습니다.

나무데크길인 숲길을 약 30분 정도 걸었습니다. 푸른 숲길은 피톤치드가 가득해 산에 오를수록 몸이 상쾌해집니다. 어느새 정상, 순간 사방이 탁 트인 풍경에 탄성이 절로 나옵니다.

남쪽으로는 한라산 백록담과 윗세오름, 병풍바위 등의 모습이 보이는데요, 한라산의 능선을 이렇게 선명하게 가까이서 볼 수 있어 한라산에 올랐을 때보다 더 감동스러웠습니다. 불과 30분 올랐을 뿐인데 어리목 주차장은 저 아래 조그맣게 있네요.

북쪽으로는 제주 시내와 바다의 모습이 한눈에 보입니다. 앞서 소개한 사라봉과 별도봉, 그리고 도두봉과 제주공항의 모습이 아련히 보이고, 여기서도 비행기 뜨고 내리는 모습이 눈에 들어옵니다.

또, 서쪽으로 눈을 돌리면 외로이 떠 있는 비양도와 어승생악의 분화구, 그리고 아름다운 풍경이 있는 곳이면 어디서든 보이는 가슴 아픈 역사인 일제 동굴 진지가 보이네요.

개인적으로 가장 좋아하고 멋있다고 생각하는 오름 두 곳을 고르라면 바로 도두봉과 어승생악이에요. 산에 오르는 것을 싫어하는 분들에게도 추천하고 싶습니다. 놀라운 풍경이 기다리고 있거든요.

어리목 탐방안내소

주소 제주시 해안동
전화번호 064-713-9950
입산통제(입구통제소) 동절기 16:00, 춘추절기 17:00, 하절기 18:00
입장료 없음
주차장 승용차 1,800원

2

타박타박

제주 산책

제주의 숲길

      올레길이 생긴 후로 제주도를 여행하는 스타일이 많이 바뀌었다고 하죠? 예전에는 관광버스나 렌터카를 타고 유명 관광지에 들른 후 기념사진 찍고 다른 장소로 이동하는 '빠른 여행'을 했다면, 지금은 제주를 천천히 걷고 느끼는 '느린 여행'을 하는 분들이 많이 늘었습니다. 그런 변화와 함께 제주 숲길을 찾는 분들도 부쩍 많아지고 있습니다.

날마다 바쁜 스케줄로 꽉 짜인 일상을 보냈다면, 여행지에서는 빡빡한 여행 일정을 잠시 버려두고 여유롭게 숲길을 걸어보는 건 어떨까요? 제주의 숲길을 걸으며 곶자왈이 무엇인지, 진짜 자연이 무엇인지 잠시 느껴보세요.

사려니 숲길은 제주를 대표하는 명품 숲길입니다. 이름도 고운 사려니는 '신성한 곳'이라는 뜻을 담고 있어요. 사려니 숲길은 1112번 비자림로부터 중간의 물찻오름을 지나 서귀포시 남원읍 한남리의 사려니오름까지 이어지는 총 15km의 숲길입니다.

해발 500~600m상에 있으며 유네스코가 지정한 생물권 보전지역 내에 위치해 있습니다. 2009년 발표한 제주시 숨은 비경 31에 속하는 곳이지만 이제는 많은 분들이 찾고 있어 숨은 비경이라 하기에는 다소 어색하네요.

사려니 숲길은 평소에는 전체 구간을 개방하지 않습니다. 걷기에 참 좋은 계절인 5월 말에서 6월 초 약 보름간만 '에코힐링 체험행사'라는 이름과 함께 전 구간을 개방해요. 그래서 저도 이 기간 동안 사려니 숲길을 걸어보았습니다. 일반적으로 많은 분들이 걷고 있는 구간(72쪽 지도의 탐방구간)을요.

처음 시작부터 붉은색 화산송이가 깔린 사려니 숲길은 참 포근하고 아늑했습니다. 푹신푹신한 화산송이를 걸으며 바람에 산들산들 날리는 나뭇잎 소리가 상쾌했습니다. 초록 나무의 싱그러움이 사진으로 보이시나요? 숲길을 따라 걸으면 때죽나무, 산딸나무, 삼나무, 편백나무 등 다양한 나무를 만날 수 있습니다. 사려니 숲길은 고난이도의 트레킹을 좋아하는 분들부터 임산부, 아이 그리고 연세 드신 분들까지 모두 걷기 좋은 길이랍니다.

사려니 숲길 중간에 위치한 물찻오름은 정상에 물이 차 있어서 물찻오름이라고 부릅니다. 정상까지는 약 1.4km로 왕복 50분 정도 소요됩니다. 물찻오름은 많이 훼손되었기 때문에 2008년부터 자연휴식년제를 정해 오름을 통제하고 있으며 오직 '에코힐링 체험행사' 기간에만 개방하고 있습니다.

물찻오름 화구호

산딸나무 꽃

오전 10시부터 오후 1시까지 물찻오름에 도착한 분들에 한하며, 20분 간격으로 20명씩 물찻오름 탐방이 가능합니다. 운이 좋았던 저는 물찻오름 전망대에서 탁 트인 풍경을 만날 수 있었습니다. 해설사분 말씀으로는 어제까지만 해도 안개가 끼어 하나도 보이지 않았다던데 이런 멋진 풍경을 저는 보게 되었네요. 많은 분들이 여기 물찻오름까지만 보고 다시 되돌아가곤 하지만 저는 걸었던 길보다는 안 가본 길을 걸어보기 위해 계속 나아갔습니다. 치유와 명상의 숲이라 불리는 월든 삼거리는 사려니 숲길 초반부의 길과는 색다른 느낌이었습니다. 빼곡히 들어찬 삼나무 숲길을 천천히 걸으며 붉은오름 입구를 지나 사려니 숲길 걷기를 마무리했습니다. 3시간 이상이 걸리는 긴 여정이었지만 숲의 진한 생명력이 있어 오히려 몸과 마음이 편안해졌습니다.

힐링을 원한다면 사려니 숲길로 오세요.

주소　제주시 조천읍 교래리
입장료　무료
주차장　무료

물찻오름 전망대에서 보이는 풍경

월든 삼거리

월든의 삼나무 숲길

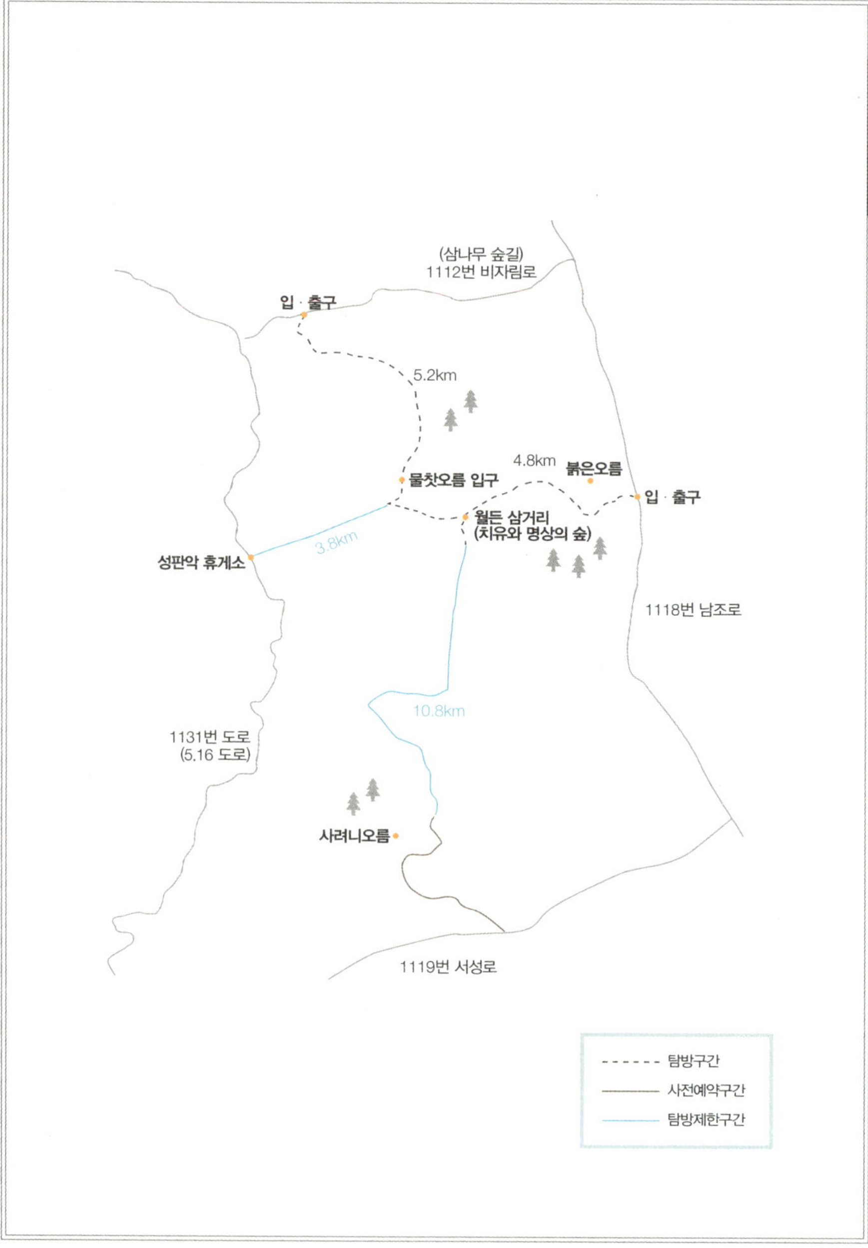
(삼나무 숲길)
1112번 비자림로
입 · 출구
5.2km
4.8km
붉은오름
물찻오름 입구
입 · 출구
월든 삼거리
(치유와 명상의 숲)
3.8km
성판악 휴게소
1118번 남조로
10.8km
1131번 도로
(5.16 도로)
사려니오름
1119번 서성로
탐방구간
사전예약구간
탐방제한구간

앞서 소개한 사려니 숲길이 긴 코스의 자연적인 숲길이라면 비자림은 비교적 짧은 시간 내에 숲길을 걸어볼 수 있는 곳이에요. 적은 돈이지만 입장료도 받고 있기 때문에 깨끗한 화장실과 매점 등의 시설도 갖추고 있습니다. 개인적으로는 깔끔하면서도 정갈한 비자림을 더 좋아한답니다.

제주도에 처음 이사 왔을 때는 사려니 숲길의 입출구가 위치한 비자림로와 비자림이 참 헷갈렸습니다. 비자림로는 삼나무 숲길로 잘 알려져 있는데 길 양옆으로 빽빽이 삼나무가 들어서 있어 드라이브 코스로 인기를 끌고 있어요. 그리고 비자림로 끝 부근에 이번에 소개할 비자림이 위치해 있습니다.

천연기념물 제374호로 지정된 비자림은 500년에서 800년이 넘는 비자나무 약 2800여 그루가 있는 천년의 숲입니다. 우리나라 최대일 뿐만 아니라 단일 수종의 숲으로는 세계 최대 규모를 자랑합니다.

비자나무의 한자 비(榧)는 잎의 모양이 비(非)자 모양을 닮아 그 이름이 붙은

것입니다. 참 단순한 이름이네요. 비자나무는 따뜻한 제주도나 남부지방에서
만 자라는 귀한 나무입니다. 또, 겨울에도 잎이 떨어지지 않아 항상 초록을 유
지하고 있답니다. 각각의 비자나무는 관리번호를 가진 이름표를 달고 있는데
이는 숲을 효과적으로 관리하기 위해서입니다.

비자림에는 짧은 코스와 긴 코스가 있습니다. 짧은 코스는 왕복 40~50분 정도
가 소요되며 유모차와 휠체어도 다닐 수 있을 만큼 평탄합니다. 사려니 숲길과
마찬가지로 바닥은 붉은 화산송이가 깔려 있습니다. 몸에 좋은 화산송이와 비
자나무에서 내뿜는 피톤치드가 가득해서 한 발 한 발 내딛을 때마다 발걸음이
가볍고 몸의 찌든 때가 씻겨나가는 느낌이에요. 긴 코스는 왕복 1시간~1시간
20분 정도 걸리고 돌멩이 길이 섞여 있습니다.

비자림 산책로에는 소소한 볼거리도 많이 있습니다. 그중 가장 대표적인 것은 바로 새천년 비자나무입니다. 관리번호 1번인 새천년 비자나무는 2000년 1월 1일 밀레니엄을 기념하여 새천년 비자나무라는 이름을 얻었습니다. 고려 명종 20년(1190)에 태어났으니 나이가 벌써 800살이 넘었네요. 비자림의 터줏대감 역할을 하고 있답니다. 새천년 비자나무 앞으로는 벤치가 잘 마련되어 있어 사진을 찍거나 쉬어가려는 사람들로 항상 붐빕니다.

또 하나 빼놓을 수 없는 볼거리는 바로 연리목입니다. 연리목은 뿌리가 다른 두 나무가 자라면서 서로 한 나무인 것처럼 붙어 있는 나무입니다. 그래서 수많은 연인과 부부들이 이곳 연리목 앞에서 영원한 사랑을 소망하기도 한답니다.

사그락사그락거리는 화산송이를 걸으며 오랜 세월 한 자리를 지키고 있는 비자나무의 이야기를 들어보세요. 어느새 몸과 마음이 가벼워진 나를 만날 수 있답니다.

주소　제주시 구좌읍 평대리 3164-1(제주시 구좌읍 비자숲길 55)
전화번호　064-783-3857
시간　09:00~18:00
입장료　어른 1,500원, 7세~24세 800원
주차장　무료

연리목

새천년 비자나무

아바타 숲
환상숲

'곶자왈'이라고 들어보셨나요? 참 이상한 단어이지요? 곶자왈이라니. 처음 이 단어를 보았을 때 저는 잘못 적어놓은 줄 알았답니다. 제주에는 이렇게 이상한 단어들이 참 많이 있어요. 하지만 들으면 들을수록 정감 가는 말이 바로 제주 말이랍니다.

곶자왈은 수풀을 뜻하는 '곶'이라는 단어와 바위, 덩굴들이 엉켜 있는 곳인 '자왈'이 합쳐진 낱말이에요. 언뜻 보면 풀과 나무, 바위 등이 어수선하게 엉켜 있어서 아무 쓸모없는 곳 같지만 천연 자연림으로 제주의 허파 역할을 하고 있습니다. 또, 열대 북방한계 식물과 한대 남방한계 식물이 함께 어울려 사는 곳으로 세계에서 유일해요. 쓸모없는 땅으로 여겨지던 곶자왈의 소중함이 지금이라도 점점 알려지게 되어서 참 다행이에요.

제주도에는 크게 구좌–성산 곶자왈, 조천–함덕 곶자왈, 애월 곶자왈, 한경–안덕 곶자왈 이렇게 4개의 곶자왈 지대가 있습니다. 환상숲은 그중 한경면 저지리에 위치하고 있어 한경-안덕 곶자왈 지대에 속한답니다.

환상숲은 도너리오름에서 분출한 용암이 흘러내려 형성된 곳으로 사유지입니다. 제주도 면적의 약 5%를 차지하는 곶자왈의 50%가 개인사유지인데, 골프장이나 테마파크 등으로 개발될 위험에 처해 있습니다. 하지만 환상숲은 사유지임에도 불구하고 이렇게 잘 보존되어 곶자왈의 중요성을 알려주는 관광지로서의 역할을 하니 참 다행이에요.

입장료를 내면 매 시각 정시에 시작하는 숲 해설을 들을 수 있으니 꼭 챙겨 듣는 것이 좋습니다. 곶자왈은 아무런 지식 없이 들어가면 그냥 숲길일 뿐이거든요. 제주 숲길에 대해 알고 싶다면 꼭 한번 들러 보세요.

주소 제주시 한경면 저지리 2848-2(제주시 한경면 녹차분재로 594-1)
전화번호 064-772-2488
홈페이지 www.jejupark.co.kr
시간 09:00~17:00(매 정시 시작)
휴무일 일요일 오전
입장료 어른 5,000원, 어린이 4,000원
주차장 무료

葛藤

3

취향대로 고르는
박물관 및
테마파크

박물관 천국인 제주도에는 박물관이 넘쳐납니다. 비행기, 컴퓨터, 캐릭터, 동물 등 주제도 다양해서 남녀노소 누구나 취향대로 고를 수 있습니다. 사실 저는 박물관이나 테마파크를 별로 좋아하지 않습니다. 인위적인 박물관을 가는 것보다는 아름다운 제주도의 자연을 더 사랑하기 때문이지요. 하지만 제주도 여행 일정 중에 박물관이 한두 곳도 없다면 섭섭한 것도 사실이랍니다. 잘 고른 박물관은 제주도 여행을 한층 즐겁게 해주는 윤활유 같은 역할을 하기도 하지요. 지금부터 저와 함께 박물관 여행을 떠나볼까요?

지역 제주시
관광시간 2시간

저에게 컴퓨터는 인터넷 쇼핑이나 메일 보내기 등 아주 간단한 작업만 가능한 그런 존재랍니다. 그렇지만 하루쯤 컴퓨터가 고장이 나면 그땐 정말로 불편함을 많이 느껴요. 요즘 세상을 살아가려면 컴퓨터는 없어서는 안 될 필수품이 되었지요. 그래서 저에게 컴퓨터는 늘 멀고도 가까운 존재랍니다.

제주시 공항 근처에 가깝게 위치한 넥슨컴퓨터박물관은 '바람의 나라' 게임으로 유명한 넥슨사에서 운영하는 박물관입니다. 4년여 동안의 준비 기간 끝에 2013년 7월 하순에 오픈하였습니다. 우리나라를 넘어 아시아 유일의 컴퓨터 박물관이에요.

지하 1층부터 지상 3층까지 총 4개의 테마로 이루어져 있습니다. 먼저, 1층은 웰컴 스테이지로서 컴퓨터 내부 기기의 발전사를 볼 수 있습니다. 그중 웰컴 스테이지의 가장 귀한 전시품은 바로 '애플 I'입니다. 애플 I은 애플의 공동

창업자인 스티브 잡스와 스티브 워즈니악이 만든 애플 최초의 컴퓨터입니다. 1976년 시판된 애플 I은 수작업으로 200대가 제작되었으며 현재 전 세계적으로 50여 대만 남아 있습니다. 정상적으로 작동되는 것은 6대뿐인데 넥슨컴퓨터박물관에 전시되어 있는 것도 그 6대에 포함됩니다. 그 외에 세계 최초의 마우스인 '엥겔바트 마우스'도 볼 수 있습니다.

직접 게임을 해볼 수 있는 2층은 오픈 스테이지입니다. 이곳은 슈팅 게임의 역사를 알아보는 공간과 세상의 모든 게임을 수집 보존하기 위한 NCM 라이브러리로 구성되어 있습니다. NCM 라이브러리에는 과거 유행했던 게임과 게임 잡지가 보존되어 있으며 직접 게임팩을 꽂아 게임을 체험해 볼 수 있습니다. 저는 이곳에서 테트리스와 수퍼 마리오 등을 해보았습니다. 특히, 직원분들이 친절하셔서 원하는 게임을 찾아주시고 설명도 함께 해주십니다.

3층은 히든 스테이지입니다. 추억의 프로그램인 한메타자교사 등을 체험해볼 수 있으며 '오픈 수장고'가 있어 1980년대와 1990년대의 다양한 컴퓨터를 가까이서 살펴볼 수 있습니다.

마지막으로 지하 1층은 스페셜 스테이지인데 바로 추억의 오락실입니다. 철권과 스트리트 파이터 등 남자들이 좋아하는 추억의 게임과 테트리스, 보글보글 등 여자들이 좋아하는 게임들이 마련되어 있습니다.

이처럼 넥슨컴퓨터박물관은 기존의 '보는 전시'에서 벗어나 관람객들도 참여할 수 있게 한 박물관입니다. 컴퓨터라는 어려운 주제에 재미난 게임과 관람객의 '참여'가 더해져 남녀노소 즐겁게 경험하고 체험할 수 있는 곳이라 생각됩니다. 그 외, 지하 1층에는 레스토랑 인트가 운영 중인데요. 특히, 키보드 와플과 마우스 빵이 인기가 많습니다.

주소 제주시 노형동 86(제주시 1100로 3198-8)
전화번호 064-745-1994
홈페이지 www.nexoncomputermuseum.org
시간 하절기(6월~8월) 10:00~20:00, 동절기(9월~5월) 10:00~18:00
휴무일 매주 월요일, 명절 당일
입장료 성인 8,000원, 청소년 7,000원, 어린이(만 36개월~만 12세) 6,000원
주차장 무료
여행팁 1. 입장료만 내면 모든 게임은 무료로 이용할 수 있습니다.
        2. 관람권장 연령대는 초등학생 이상입니다.

2층 NCM 라이브러리

3층 오픈 수장고

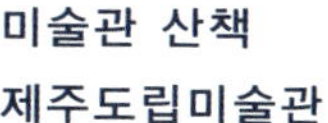

미술관 산책
제주도립미술관

지역 제주시
관광시간 1시간

제주도로 이사 오기 전에는 미술관을 가본 경험이 그다지 많지 않았습니다. 일상에 치여 미술관에서 예술 작품을 감상하는 것은 사치처럼 여겨졌고, 좀 더 솔직히 말하자면 미술에는 관심도 없고 보는 안목도 없기 때문이랍니다.

그런 제가 제주도에 온 후 제주도립미술관을 다녀와 봤습니다. 아마 제주도가 저를 조금은 변화시킨 것이 아닐까 하는 생각이 들어요. 일상의 복잡함을 느낄 때 얼른 집 밖으로 나와 제주의 자연을 보면 삶의 여유가 생기거든요.

그래서 오늘도 제주도립미술관에 작품을 보러 왔다기보다는 가볍게 산책하고 미술관 건물을 구경하러 왔습니다. 미술관 건물은 멋있기로 소문이 나 있으니까요.

한라산을 올라가는 길목에 자리 잡은 제주도립미술관은 2009년 개관했습니다. 그리고 그 해 건축문화대상에서 우수상을 수상했답니다. 마치 바다 위에 떠 있는 섬처럼 물을 이용해서 만든 미술관이 제주도와 참 닮았습니다. 날씨가 맑은

날 거울연못에 비치는 미술관과 나무, 하늘이 참 멋지지 않나요? 화려한 색깔
이나 디자인을 사용하지 않고 제주의 자연을 최대한 살려 만든 도립미술관은
참 잘 만들어진 건물이라는 생각이 들어요.
도립미술관은 장리석기념관, 기획, 상설, 옥외 전시실과 시민갤러리로 이루어
져 있습니다. 오전 11시와 오후 3시에는 작품 설명이 있으니 시간 맞춰 방문하
면 좋을 것 같네요.

주소 제주시 연동 680-7(제주시 1100로 2894-78)
전화번호 064-710-4300
홈페이지 jmoa.jeju.go.kr
시간 09:00〜18:00(7월〜9월 09:00〜20:00)
휴무일 매주 월요일, 1월 1일, 설날, 추석
입장료 어른 1,000원, 청소년 500원, 어린이(7세 이상) 300원
주차장 무료

제주도에는 유난히 녹차밭이 많습니다. 제주도의 맑은 공기를 마시고 아름다운 풍경을 보며 자란 제주도 녹차는 유독 푸르고, 상상만으로도 녹차향이 솔솔 나는 것 같아요.

많은 녹차밭 중 여기서 소개할 곳은 다희연입니다. 유기농 녹차테마파크인 다희연은 동쪽 중산간에 위치해 있습니다. 유네스코 세계자연유산인 거문오름 용암동굴계 근처에 자리 잡고 있어요. 그래서 이곳에는 다른 녹차밭과 달리 우리나라에서 유일한 천연 동굴카페가 있습니다. 동굴카페는 일부러 만든 것이 아니라 녹차밭을 만들 때 우연히 발견된 것인데요, 지금은 다희연의 효자 노릇을 톡톡히 하고 있습니다. 동굴카페이기 때문에 왠지 어두컴컴하고 음침한 느낌이 날 줄 알았는데, 그 독특한 분위기에 감탄을 연발하게 만들었던 곳이에요. 제주도의 자연미를 그대로 살린 이런 멋진 카페가 녹차밭에 있을 줄은 몰

·랐네요. 동굴카페에서는 녹차아이스크림과 녹차라테, 커피와 간단한 베이커리 류를 판매하고 있습니다.

차 박물관 1층에는 차 문화관과 제품 판매장이 들어서 있고, 2층은 다도 체험장, 3층에는 레스토랑이 운영 중입니다. 레스토랑에서는 다희연에서 직접 재배한 재료를 이용한 음식들을 맛볼 수 있습니다. 이곳에서 출출한 배를 채우고 녹차밭 산책을 한 후 동굴카페에 들러 차 한잔 마시면 완벽한 일정이 된답니다. 그 외에 짚라인 체험 공간도 마련되어 있어 녹차밭뿐 아니라 복합 테마파크로서 손색이 없는 곳이네요.

주소 제주시 조천읍 선흘리 600(제주시 조천읍 선교로 117)
전화번호 064-782-0005
홈페이지 www.daheeyeon.com
시간 09:00~18:00 전후
입장료 어른 5,000원, 청소년 3,000원, 만 10세 미만 무료
        (식사권 또는 음료이용권을 구매하면 따로 입장료가 없음)
주차장 무료
카트 이용료 1대(4인 기준) 10,000원
레스토랑 메뉴 녹차비빔밥 10,000원, 흑돼지 수제 돈가스 12,000원 등

 박물관 및
   테마파크

중산간을 여행하는
또 다른 방법
제주레일바이크

📍 **지역** 중산간
🕐 **관광시간** 1시간

천천히 제주의 자연을 느끼고 감상하면서 여유를 즐기고 싶을 때 가보면 좋을 곳이 바로 제주레일바이크입니다. 저에게 참 생소했던 레일바이크는 페달을 밟아 철로를 움직이는 기구예요. 자전거 모양이 아닐까 하고 막연히 생각했는데 칸칸이 분리되어 있는 작은 자동차 모양입니다.

레일바이크에는 무려 120여 대의 바이크가 있습니다. 모두 각각 모양과 디자인이 조금씩 달라요. 연인들을 위한 2인용 레일바이크와 가족들을 위한 3인용, 4인용 레일바이크가 마련되어 있습니다. 총 4km의 철로를 움직이고, 40분 정도가 소요됩니다.

레일바이크의 가장 큰 매력은 바로 제주도의 자연을 오롯이 느낄 수 있는 동쪽 중산간 지역에 위치해 있다는 것입니다. 오름 중에서도 가장 유명한 용눈이오름과 다랑쉬오름 가까이에 있습니다. 그렇기 때문에 일부러 인공적인 디자인을 하지 않아도 제주도의 자연이 그대로 배경이 되네요.

레일바이크를 움직이려면 페달을 밟아야 하기 때문에 힘들지 않을까 하는 생각에 처음엔 좀 망설였습니다. 무려 4km나 되니까요. 하지만 레일바이크는 페달을 밟지 않아도 자동으로 움직입니다. 다만 속도를 내고 싶을 때 페달을 밟으면 된답니다. 가끔 비탈길을 만나기도 하는데 그때 페달을 밟으면 아찔한 속도까지 경험할 수 있네요.

용눈이오름 옆 목장에 레일바이크가 있기 때문에 목장에 방목해 놓은 소가 아주 많이 있습니다. 오름과 소가 하나의 풍경이 되어 목가적인 분위기가 연출되네요. 때때로 소가 철로를 지나가기도 하기 때문에 깜짝 놀라기도 했습니다. 레일바이크에는 풍우막이 설치되어 있어 비가 와도 즐길 수 있답니다.

주소 제주시 구좌읍 종달리 4639(제주시 구좌읍 용눈이오름로 641)
전화번호 064-783-0033
홈페이지 www.jejurailpark.com
시간 10:00~17:00 매 정시 출발
요금 2인승 30,000원, 3인승 40,000원, 4인승 48,000원
주차장 무료
여행팁 1. 카페와 매점이 있습니다.
　　　　2. 근처의 용눈이오름, 다랑쉬오름과 함께 둘러보면 좋습니다.

렛츠런 팜
제주경주마육성목장

📍 **지역** 중산간
⏰ **관광시간** 2시간

한국마사회는 2014년 3월에 새로운 브랜드명인 렛츠런(Lets run)을 선보였습니다. 마사회가 가지고 있는 경마, 도박이라는 부정적인 이미지를 없애고 고객과의 소통을 강화하기 위한 브랜드명이에요.

제주도에는 한국마사회가 운영하는 곳이 두 군데 있습니다. 그중 한 곳은 제주도 서쪽의 제주경마공원이라고 불리는 렛츠런 파크(Lets run park)예요. 이곳은 실제 경마가 이루어지는 공간뿐만 아니라 승마 체험, 말과 관련된 놀이기구가 있는 가족형 놀이동산입니다. 그리고 나머지 한 곳이 제주도 동쪽에 위치한 제주경주마육성목장인 렛츠런 팜(Lets run farm)이랍니다.

렛츠런 팜은 한라산 중턱 65만평 땅 위에 마련된 우수한 경주마를 육성하기 위한 목장입니다. 입구에 다다르면 경비실에 잠깐 멈춰 방문객 이름과 전화번호를 적습니다. 주차 후 본격적으로 렛츠런 팜을 둘러볼 차례네요.

렛츠런 팜에는 목장 올레길이 조성되어 있습니다. 총 2km에 해당하는 길인데 어른 걸음으로 약 25분 정도 소요되네요. 걸어도 되지만 어른용, 아이용 자전거를 무료로 빌려 목장 올레길을 둘러볼 수 있답니다.

목장 올레길에서는 씨수말을 볼 수 있습니다. 씨수말이 되기 위해서는 까다로운 조건이 필요합니다. 혈통, 체격, 경주마 시절 받은 성적과 함께 은퇴 후 교배를 통해 낳은 자손이 경주마가 되어 벌어들인 상금이 씨수말의 가치를 판단하는 기준이 됩니다. 세계적으로 정말 좋은 씨수말의 경우에는 그 가치가 100억을 넘는 경우도 있으며 1회 교배료가 무려 5억에 달하기까지 한답니다.

렛츠런 팜에 있는 씨수말들은 주로 20~40억 사이의 말들입니다. 씨수말 '메니피'는 도입가가 무려 37억 원이랍니다. 씨수말들의 늠름한 자태가 보이시나요? 늠름한 자태만큼 도도한 마음까지 갖고 있어 사람들이 있어도 쉽게 다가오지 않습니다. 그리고 그들 사이의 권력 다툼이 심해 넓은 초지에서 혼자 생활을 한답니다.

하얀 울타리와 넓은 초지, 검은 씨수말과 한라산이 어우러져 마치 외국에 온 것만 같은 착각마저 들었습니다. 씨수말 앞으로 곳곳에 포토존까지 마련되어 있는 등 관광객을 위한 시설도 잘 마련되어 있네요. 가보시길 추천하고 싶은 곳이랍니다.

주소 제주시 조천읍 교래리 산 25-2(제주시 조천읍 남조로 1660)
전화번호 064-780-0131
홈페이지 krafarm.kra.co.kr
시간 매주 수~일요일 10:00~16:00
휴무일 공휴일 및 매주 월, 화요일
입장료 무료
주차장 무료

지역 동해안
관광시간 1시간 30분

제주도민이 아니라 관광객이었던 몇 해 전 아무것도 모른 채 제주도에 여행을 왔었습니다. 그리곤 가이드북에 소개되어 있던 김영갑두모악갤러리를 방문했었어요. 그때 당시에는 제주도 오름에 대해서, 그리고 사진작가 김영갑 님에 대해서 아무것도 모른 상태였답니다. 그래서 김영갑두모악갤러리의 외관이나 정원 정도만 기억이 날 뿐 그곳에서 무엇을 보았는지 사실 잘 기억이 나지 않았습니다.

제주살이가 2년째에 접어들고 제주도 오름의 매력을 알게 되면서 문득 김영갑두모악갤러리가 생각났습니다. 사진작가 김영갑 님이 사랑한 용눈이오름을 다녀온 후 더욱 생각이 났던 것 같아요. 아직도 제주도 오름이나 사진에 대해서는 잘 모르지만 지금 김영갑 님의 사진들을 보면 어떨까 궁금해졌습니다. 다시 가보면 느낌이 새롭지 않을까 해서요.

한라산의 옛 이름인 '두모악'을 딴 김영갑두모악갤러리는 폐교였던 삼달분교를 개조하여 만들었습니다. 김영갑 님은 제주도 출신이 아니지만 제주를 너무 사랑한 나머지 1985년부터 제주도에 정착하였습니다. 밥 먹을 돈을 아껴 필름을 사 바다와 오름, 억새와 바람 등 제주의 모든 것을 찍었습니다. 그러던 중 안타깝게도 루게릭병 진단을 받았고, 근육이 말을 듣지 않는 투병 생활을 하면서도 두모악갤러리를 손수 꾸몄습니다. 이렇게 해서 2002년 김영갑두모악갤러리가 문을 열게 되었답니다. 마음 아프지만 김영갑 님은 2005년 세상을 떠났고, 그분의 뼈는 갤러리 정원에 뿌려졌습니다.

갤러리 입구에는 김영갑 님이 사용하였던 사진기와 책 등이 있는 작업실이 고스란히 남아 있어요. 또 엽서와 액자, 노트 등을 구매할 수 있는 작은 기념품 숍이 마련되어 있습니다.

갤러리 내부는 김영갑 님의 삶처럼 간소하게 꾸며져 있습니다. 점점 관광 상업화가 되어가면서 하루가 다르게 변해가는 제주도의 모습과 달리 김영갑 님의 사진 속에는 제주 본연의 자연이 고스란히 담겨 있습니다. 훌훌 바람처럼 제주도를 여행하고 떠나는 우리와 달리 김영갑 님은 제주의 구름, 바람, 하늘 등 제주의 모든 것을 느끼고 사랑한 것이 아닌가 싶습니다. 제주도에 대한 무한한 사랑이 느껴지는 공간이에요.

김영갑두모악갤러리는 왠지 화창한 날보다는 비 오는 날 방문하는 게 더 어울리는 것 같아요. 비 오는 날, 관람 후 갤러리 뒤쪽에 마련된 무인 카페에서 커피 한잔을 하는 것도 좋겠네요.

주소 서귀포시 성산읍 삼달리 437-5(서귀포시 성산읍 삼달로 137)
전화번호 064-784-9907
홈페이지 www.dumoak.co.kr
시간 봄과 가을(3월~6월, 9월~10월) 09:30~18:00, 여름(7월~8월) 09:30~19:00,
      겨울(11월~2월) 09:30~17:00
휴무일 매주 수요일, 명절 당일
입장료 어른 3,000원, 청소년 및 군인 2,000원, 어린이(8세 이상~) 1,000원
주차장 무료

남자들의 로망
비엘바이크

📍 지역 동해안
🕐 관광시간 1시간 30분

제주도 서쪽에 세계자동차박물관이 있는데 동쪽에는 세계바이크박물관인 비엘바이크가 있습니다. 두 박물관 모두 남자들의 로망이자 가보고 싶은 박물관이지 않을까 싶어요. 여자인 저도 꽤 흥미롭게 관람한 박물관입니다.

비엘바이크는 7개의 전시관으로 이루어져 있으며 총 150대의 바이크가 전시되어 있습니다. 모든 바이크는 모형이 아니라 지금도 시동이 걸리는 진품들입니다.

제1전시관에서는 1930년대부터 1980년대까지의 자전거와 바이크의 역사를 알 수 있습니다. 이곳에서 가장 눈에 띄는 것은 아무래도 명품 바이크인 '할리데이비슨'이 아닐까 싶네요. 워낙 고가이다 보니 다른 바이크들과 달리 유리관 안에 전시되어 있습니다.

제2전시관은 바이크와 예술의 만남이라는 주제로 꾸며져 있습니다. 영화 〈놈

놈놈〉에 나온 바이크, KBS 드라마 〈솔약국집 아들들〉에 나온 바이크, 그리고
배우 최민수 씨가 실제 타고 다녔던 바이크 등을 볼 수 있습니다.

가장 볼거리가 많고 화려한 제3전시관에서는 우리나라 기술진이 만든 비엘차
퍼스의 작품들을 볼 수 있습니다. 한 대당 제작기간만 8개월 이상이 걸리고, 비
용은 최소 5천만 원에서 2억 원까지 나가는 명품 수제바이크입니다. 기념사진
을 찍을 수 있는 차퍼스 바이크도 마련되어 있으니 멋지게 폼 잡으며 기념사진
찍으면 어떨까요?

제4전시관은 정크아트와 바이크의 만남이라는 주제입니다. 재활용품이나 바이
크 부품 등을 이용해 만든 로봇이나 여러 작품들이 있어 다소 신선한 느낌이었
네요.

제3전시관–비엘차퍼스 바이크

제2전시관–솔약국집 아들들 바이크

제5전시관–원빈 바이크

제1전시관–할리데이비슨

제5전시관은 영화포스터를 테마로 한 여러 포토존과 아이들의 시선을 사로잡는 토이월드 등으로 이루어져 있습니다. 또, 이곳에는 배우 원빈 씨가 CF 출연 당시 탔던 바이크가 전시되어 있어 한류팬들 사이에 인기가 높다고 합니다.

마지막으로 제6, 7전시관은 휴식의 공간입니다. 이곳에서 가장 눈길을 끄는 것은 아마 '레드홀스'라는 바이크일 거예요. 제작기간만 무려 1년이고 부품비만 1억 2천만 원이 들었습니다. 레드홀스를 사겠다는 중국인 관광객이 무려 18명이나 있었다고 하네요.

야외에는 아이들을 위한 어린이 교통문화체험장이 있고 서서 타는 이카루스 체험 등을 할 수 있어 아이와 어른들 모두 좋아할 만한 박물관이랍니다.

주소 서귀포시 표선면 세화리 847(서귀포시 표선면 세성로 474)
전화번호 064-787-7667
홈페이지 www.bikemuseum.co.kr
시간 09:00~18:00(성수기 ~19:00)
입장료 어른 9,000원, 청소년 7,000원, 어린이(36개월 이상) 6,000원,
        어린이 교통체험장과 이카루스 체험은 추가요금 있음
주차장 무료

지역 서귀포
관광시간 2시간

코코몽을 아시나요? 아마 아이를 키우는 부모님이라면 당연히 아시겠지만 그렇지 않은 분은 "코코몽이 뭐야?" 하실 수도 있겠네요. 뽀로로나 로보카폴리, 또봇처럼 유아 애니메이션으로 유명한 캐릭터랍니다.

아이들과 제주도로 여행을 오셨다면 꼬마 손님인 아이들 취향도 고려해서 여행 계획을 짜야 하죠. 그때 코코몽 에코파크를 여행 일정에 넣는다면 아이들에게는 최고의 제주도 여행이 될 수 있답니다.

입구에 들어서면 아주 큰 로보콩이 꼬마 손님들을 반겨줍니다. 코코몽 에코파크는 실내 놀이터인 '에코 빌리지'와 실외 놀이터인 '펀&플레이' 이렇게 두 가지로 나눠져 있습니다.

동화 속 주인공들이 사는 마을이라는 테마를 갖고 있는 에코 빌리지는 미로랩 핑하우스, 이글루 체험, 타잔 체험, 로켓 에어바운스, 친환경 장난감을 가지고

놀 수 있는 토들러 하우스 등으로 구성되어 있습니다.

에코 빌리지만으로도 시간이 훌쩍 갈 듯한데 실외 놀이터인 펀&플레이는 더욱 다양한 즐길 거리로 꾸며졌네요. 아이디어가 돋보이는 승마놀이, 코코몽 기차 타기, 에코 카레이싱, 숲 속 놀이터, 정글캠프 등이 있어 더욱 활동적으로 놀 수 있는 공간이랍니다.

주소　서귀포시 남원읍 남원리 2381(서귀포시 남원읍 태위로 536)
전화번호　1661-4284
홈페이지　cocomongjeju.com
시간　10:00~18:00(겨울 17:30까지)
입장료　어른, 청소년, 어린이(24개월 이상) 15,000원
주차장　무료
여행팁　1. 에코파크 내 레스토랑이 있습니다(수제돈가스 12,000원, 게살볶음밥 12,000원 등).
　　　　2. 코코몽 기차, 에어볼, 에코 카레이싱은 추가 요금이 있습니다(각 3,000원).

사랑과 휴식이 있는 곳
휴애리자연생활공원

지역 서귀포
관광시간 1시간 30분

사랑과 휴식이 있는 곳이라는 뜻을 가진 휴애리자연생활공원은 산책하듯 걸으며 다양한 체험을 할 수 있는 곳이에요. 여러 체험 중 가장 눈에 띄고 인기가 많은 것은 바로 흑돼지쇼입니다. 미끄럼을 타고 줄줄이 내려오는 흑돼지야말로 휴애리에서만 볼 수 있는 이색적인 구경거리지요. 흑돼지를 보며 한바탕 웃음을 터트리기도 하고 먹이 주기 체험도 하니 여기저기에 즐거움이 가득하네요. 흑돼지쇼가 끝나면 바로 이어서 오리쇼가 이어집니다. 뒤뚱뒤뚱 미끄럼을 올라가 내려오는 오리쇼도 또 하나의 볼거리네요.

또 장수풍뎅이, 사슴벌레, 나비 등이 박제되어 있어 자세히 살펴볼 수 있는 곤충테마관도 있으며 승마 체험, 겨울에는 감귤 따기 체험 등이 가능합니다. 말이나 토끼 등 동물들 먹이 주기 체험은 꼬마 손님인 아이들에게 인기가 참 많습니다.

거창한 볼거리는 없지만 산책하며 소소한 즐거움과 재미가 가득한 곳이 바로

휴애리자연생활공원이랍니다.

주소 서귀포시 남원읍 신례리 2081(서귀포시 남원읍 신례천로 332)
전화번호 064-732-2114
홈페이지 www.hueree.com
시간 09:00~18:00
입장료 어른 11,000원, 청소년 9,000원, 어린이 8,000원
주차장 무료
여행팁 승마 체험과 감귤 따기 체험, 먹이 주기용 당근은 유료입니다.

비밀의 화원
여미지 식물원

📍 **지역** 중문
⏰ **관광시간** 2시간

아름다운 땅이라는 의미를 가지고 있는 여미지 식물원은 중문관광단지 내에 위치해 있습니다. 독특한 모양으로 만들어진 유리 온실은 멀리서도 눈에 잘 뜨이기 때문에 중문관광단지의 랜드마크라고도 볼 수 있습니다. 동양 최대의 온실식물원답게 그 규모도 어마어마하답니다.

여미지 식물원은 온실 식물원과 옥외 식물원으로 나누어져 있습니다. 온실 식물원은 꽃의 향기가 듬뿍 나는 꽃의 정원, 수생 식물이 가득한 물의 정원, 뾰족뾰족 종류도 다양한 선인장 정원, 망고와 바나나 등 열대 과일이 가득한 열대과수원 등 각각 주제를 가지고 잘 꾸며져 있습니다.

또, 온실의 중앙에는 엘리베이터를 타고 올라가는 전망탑이 있기 때문에 날씨가 좋은 날에는 이곳에서 탁 트인 전망을 보는 것도 괜찮습니다.

옥외 식물원은 한국 정원과 일본 정원, 이태리 정원과 프랑스 정원 등 동서양의 정원이 잘 가꾸어져 있습니다. 특히, 이태리 정원과 프랑스 정원은 해외에

와 있는 느낌이 들 정도로 잘 가꾸어져 있네요.

날씨가 춥거나 덥다면 유람동차를 타고 옥외 식물원을 한 바퀴 휙 도는 것도

괜찮습니다. 다만, 유람동차가 정원별로 정차하지는 않는답니다.

주소 서귀포시 색달동 2484-1(서귀포시 중문관광로 93)
전화번호 064-735-1100
홈페이지 www.yeomiji.or.kr
시간 09:00~18:00
입장료 어른 9,000원, 청소년 6,000원, 어린이(3세 이상) 5,000원
유람동차 4세 이상 500원, 중학생 이상 1,000원
주차장 무료

물의 정원

프랑스 정원

한국 정원

Believe it or not
믿거나 말거나 박물관

지역 중문
관광시간 1시간 30분

'믿거나 말거나'라니 참 대책 없는 박물관 이름이네요. 처음엔 그렇게 생각했어요. 제멋대로 꾸며진 듯한 건물 외부 인테리어도 당당한 자신감을 표현하는 것 같았습니다. 그래서 호기심을 가득 안고 방문해 보았습니다.

믿거나 말거나 박물관은 미국 탐험가인 로버트 리플리가 전 세계를 돌아다니며 모은 물건과 기록을 전시해 놓은 곳입니다. 35년 동안 무려 198개국을 돌아다니며 수집했다고 하네요. 세계 최대의 박물관 체인으로서 제주도에 생긴 믿거나 말거나 박물관은 32번째 박물관이에요.

박물관은 1층과 2층으로 구성되어 있으며 총 12개의 갤러리로 꾸며져 있습니다. 그리 크지 않은 규모이지만 워낙 호기심을 끌기에 충분한 내용들이 가득해서 꼼꼼히 살펴보려면 시간이 꽤 걸립니다.

630kg이나 나가는 몸무게를 가진 사람부터 눈알 빼는 사람, 각종 고문도구 등

엽기적인 내용들은 정말 믿어야 할지 말아야 할지 고민이 되는 내용들이고요,
화장지로 만든 드레스, 캔으로 만든 가구, 24k 금으로 만든 자동차, 폐차 부품
으로 만든 트랜스포머 등은 흥미를 끌기 충분한 내용들이네요.
믿거나 말거나, 그건 당신의 선택이랍니다.

주소   서귀포시 색달동 2864-2(서귀포시 중문관광로 110번길 32)
전화번호   064-738-3003
홈페이지   www.ripleysjeju.com
시간   09:00~20:00(7월 21일~8월 31일 09:00~22:00)
입장료   어른 9,000원, 청소년 8,000원, 어린이(36개월 이상) 7,000원
주차장   무료

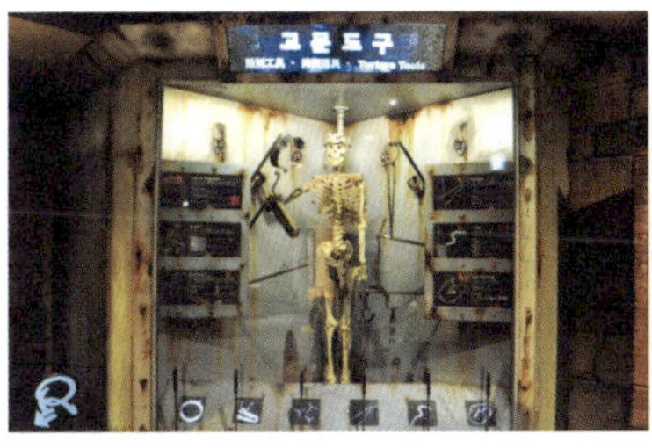

 지역 중문
 관광시간 30분~1시간

비싼 입장료 내고 허술한 박물관이나 테마파크 가보신 적 있으신가요? 그런 경험이 있으시다면 제주국제평화센터에 한번 방문해 보는 건 어떨까요? 제주국제평화센터는 많은 사람들에게 알려지진 않았지만 저렴한 가격에 꽤 괜찮게 관람할 수 있는 곳이에요.

2005년 1월 27일, 제주도는 우리나라 정부로부터 세계 평화의 섬으로 지정되었습니다. 중문관광단지 안에 마련된 제주국제평화센터는 평화에 대한 홍보 및 교육을 하는 공간이에요.

지하 1층, 지상 2층으로 총 3개의 전시관으로 구성되어 있습니다. 제1, 2전시실은 남북정상회담과 남북교류사업 등 평화 관련 전시물뿐만 아니라 제주도 자연과 역사에 관한 전반적인 내용들을 알 수 있습니다.

이곳의 하이라이트는 지하 1층에 숨겨져 있습니다. 바로 '밀랍 인형'이에요. 세

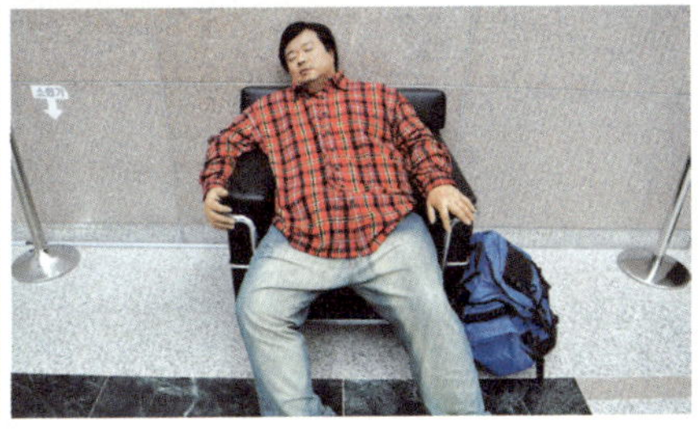

계 각국 정상들과 함께했던 회담 관련 모습, 한류 열풍을 일으킨 연예인들, 우리나라를 빛낸 스포츠 스타들의 모습이 실물에 가깝게 전시되어 있어 볼 만하답니다.

전시실 끝에서 만난 '잠자는 인형'은 폭소를 일으킬 만큼 사실적이었네요. 전 정말 남자가 누워서 자고 있는 줄 알았답니다. 가까이 다가가면 코 고는 소리와 함께 배가 들썩이기까지 한답니다.

천 원의 행복. 제주국제평화센터였습니다.

주소 서귀포시 중문동 2572(서귀포시 중문관광로 227-24)
전화번호 064-735-6550
홈페이지 www.ipcjeju.com
시간 09:00~18:00
입장료 어른 1,000원, 청소년 500원
주차장 무료

여행의 피로를 싹
산방산 탄산온천

지역 서해안
관광시간 2~3시간

온천 하면 일본이 떠오르지만 따뜻한 섬 제주도에도 유명한 온천이 있습니다. 바로 산방산이 보이는 곳에 자리 잡은 산방산 탄산온천이에요.

우리나라 대부분의 온천이 단순 유황천인 데 비해 이곳은 국내에서도 희귀한 탄산온천이랍니다. 지하 600m에서 끌어올린 천연 온천수에는 탄산이 함유되어 있는데 이 탄산이 모세혈관을 자극해 혈액순환에 도움을 준다고 하네요. 이뿐만 아니라 고혈압, 관절염 등을 완화시키고 피부미용이나 피로회복에도 매우 탁월한 효과가 있다고 합니다.

산방산 탄산온천 입구에는 '구명수(鳩鳴水)'라고 적혀 있는데 물에서 나는 소리가 비둘기 울음소리와 비슷하다고 하여 붙은 이름으로, 이는 사람을 구하는 물(救命水)의 의미도 포함하고 있습니다. 이곳에서 나온 물을 마시고 병을 고쳤다는 전설도 내려오고 있습니다.

산방산 탄산온천은 게스트하우스도 운영하고 있습니다. 게스트하우스 이용 시

온천 이용권 두 매를 주기 때문에 숙박과 온천 이용을 동시에 할 수 있어 인기
가 좋답니다.

럭셔리하지는 않지만 가볍게 다녀오기 괜찮은 온천이네요. 여행의 마무리를
산방산 탄산온천에서 하며 피로를 푸는 건 어떨까 싶어요.

주소   서귀포시 안덕면 사계리 981(서귀포시 안덕면 사계북로41번길 192)
전화번호   064-792-8300
홈페이지   www.tansanhot.com
시간   실내온천 06:00~24:00, 찜질방 24시간, 노천탕 11:00~23:00
입장료   어른 12,000원, 청소년 9,000원, 초등학생 6,000원, 유아 4,000원
        (추가요금 : 노천탕 3,000원, 찜질방 1,000원, 수영복 대여료 2,000원)
주차장   무료
여행팁   노천탕 이용을 위해서는 수영복 또는 반바지, 반팔이 필요합니다.

지역 서해안
관광시간 1시간

장미와 함께 사랑하는 마음을 표현할 수 있는 가장 로맨틱한 방법은 초콜릿이 아닐까 싶어요. 누구나 좋아하는 초콜릿을 테마로 한 박물관이 제주도에 있습니다. 제주도 초콜릿박물관은 세계 10대 초콜릿 박물관 중 하나랍니다.

제주도에는 유독 건물 자체만으로도 관광지가 될 법한 곳들이 많이 있습니다. 초콜릿박물관도 마찬가지예요. 초콜릿박물관의 모습이 보이시나요? 중세시대 성 느낌이 나는 이 건물은 초콜릿의 특징을 가장 잘 표현하지 않았나 싶어요. 혹시나 초콜릿으로 건물을 만들지 않았을까 하는 생각도 들었는데 제주도에서만 볼 수 있는 화산송이석을 이용해서 만들었다고 해요. 이국적인 느낌이 물씬 풍기는 초콜릿박물관 건물이 우리 제주도에서 나는 화산송이석으로 만들었다는 사실이 참 묘하네요.

건물뿐만 아니라 정원이 참 잘 가꾸어져 있습니다. 햇볕 잘 드는 정원 곳곳에는 벤치가 잘 마련되어 있고, 또 이곳을 더욱 특별하게 만들어 주는 트롤리가

전시되어 있네요. 카카오를 운반하는 데 쓰였던 트롤리는 제주 초콜릿박물관이 세계 10대 초콜릿박물관에 선정되는 데 많은 역할을 했습니다.

매표소에서 입장권을 끊으면 어른들에게는 아메리카노를, 아이들에게는 초콜릿을 줍니다. 입 안 가득 달달함을 느끼며 초콜릿박물관 여행을 시작할 수 있어 참 좋네요.

초콜릿박물관은 2층으로 구성되어 있습니다. 1층에서는 카카오 열매가 초콜릿으로 만들어지는 과정에 대한 전반적인 내용을 알 수 있습니다. 또, 크리스마스를 주제로 한 공간이 있는데 이곳에 앉아 매표소에서 받았던 커피를 마시면 참 아늑합니다. 이 외에도 박물관 관장님이 오랜 세월 해외를 돌아다니며 모은 아기자기한 수집품과 초콜릿을 직접 만들고 있는 공장 모습들도 살펴볼 수 있습니다. 2층에도 세계 각국의 초콜릿 포스터나 로스팅 기계, 입이 쩍 벌어지는 초콜릿 폭포 등 다양한 볼거리가 마련되어 있습니다.

소소한 즐거움이 있어 연인과 함께, 가족과 함께 방문하기 좋은 곳이네요.

주소　서귀포시 대정읍 일과리 551-18(서귀포시 대정읍 일주서로 3000번길 144)
전화번호　064-792-3121
홈페이지　www.chocolatemuseum.org
시간　하절기 10:00~18:00, 동절기 10:00~17:00
입장료　중학생 이상 5,000원, 어린이(6세~13세) 3,000원
주차장　박물관 앞 길가 주차

코끼리쇼를 볼 수 있는 점보빌리지

📍 **지역** 중산간
⏰ **관광시간** 1시간

점보빌리지는 코끼리 테마쇼와 코끼리 트레킹을 즐길 수 있는 곳입니다. 동남아 지역에서만 즐길 수 있는 줄 알았는데 제주도에서도 체험할 수 있네요.

코끼리 테마쇼는 동남아에서 온 9마리의 코끼리와 현지 조련사가 펼치는 흥미진진한 공연입니다. 50분간 진행되는 공연에서 코끼리가 풍선 터뜨리기, 그림 그리기, 볼링하기, 훌라후프 돌리기 등 다양한 재롱을 보여줍니다. 또, 동남아 지역에서는 코끼리가 위를 지나가면 행운이 있다는 믿음이 있어서 관람객들이 누워 있으면 코끼리가 그 위를 지나가는 관람객 참여 코너가 있습니다. 인기가 많기 때문에 원하시는 분은 서둘러 나가시는 게 좋아요.

공연 중간중간 코끼리가 관람석 쪽으로 바나나와 팁을 받으러 옵니다. 동물을 무서워하는 저는 처음에는 아주 기겁을 했지만 주변에 앉은 아이들은 코끼리 코도 만지며 즐거워해서 참 민망했던 기억이 있네요.

관람객인 저로서는 즐거운 공연이었지만 정글에 있어야 할 코끼리들을 보니 한편으로는 마음이 아프기도 했습니다. 그래도 최선을 다해 공연을 보여준 코끼리와 조련사 분들에게 큰 박수를 보냈습니다.

제주도에서 만날 수 있는 작은 동남아, 점보빌리지였습니다.

주소 서귀포시 안덕면 서광리 2351(서귀포시 안덕면 평화로 319번길 31-11)
전화번호 064-792-1233
홈페이지 www.eleland.com
코끼리 테마쇼 10:30, 13:30, 15:00, 16:30 / 어른 15,000원, 청소년 12,000원, 어린이(24개월 이상) 9,000원
코끼리 트레킹 09:30~17:30 / 고등학생 이상 18,000원, 24개월~중학생 15,000원
주차장 무료
여행팁 공연장 앞에서 바나나를 판매하고 있습니다.

동심의 세계로
헬로키티 아일랜드

지역 중산간
관광시간 1시간 30분

2013년 겨울, 우리나라 최초로 제주도에 헬로키티 아일랜드가 문을 열었습니다. 글로벌 캐릭터인 헬로키티는 남녀노소 누구나 좋아하고 특히 어린 여자아이들에게 인기 만점이죠.

헬로키티는 1974년 일본에서 태어났습니다. 이제는 40살이 넘은 장수 캐릭터가 되었네요. 헬로키티의 몸값은 무려 35조 원이 넘습니다. 1975년에는 헬로키티 가족이 탄생하였습니다. 아빠인 조지와 엄마 메어리, 그리고 쌍둥이 동생 미미입니다. 쌍둥이 동생 미미와 키티가 굉장히 헷갈리는데 둘을 구분하는 가장 쉬운 방법은 바로 리본입니다. 미미는 오른쪽 귀에, 키티는 왼쪽 귀에 리본이 달려 있습니다.

헬로키티 아일랜드는 총 3층으로 구성되어 있습니다. 1층 헬로키티 역사관에서는 최초의 헬로키티부터 점점 변화를 거듭한 헬로키티를 만날 수 있습니다.

헬로키티 아일랜드의 가장 인기 만점인 곳은 헬로키티 하우스입니다. 앙증맞게 꾸며진 헬로키티 거실과 주방 등에서 많은 여성분들과 아이들이 설정 사진을 찍기 바쁘네요. 또, 이곳을 지나면 헬로키티 스쿨을 만나게 됩니다. 미술실에서는 간단한 만들기 체험을 할 수 있고, 음악실에서는 노래에 맞춰 즐거운 춤을 출 수 있습니다.

2층은 세계 27개국의 전통 의상을 입은 헬로키티를 볼 수 있는 곳으로, 아이들이 신나게 뛰어놀 수 있는 그물 놀이터인 에어포켓과 암벽타기 체험도 마련되어 있습니다.

이것으로 끝이 아니라 3층에는 헬로키티 관련 3D 영상관과 옥상 정원이 마련되어 있습니다.

헬로키티라는 하나의 테마로 단순한 관람이 아니라 보고 체험할 수 있는 즐길거리가 마련되어 있어 아이와 함께 하는 가족과 헬로키티를 좋아하는 여성분들에게 추천하고 싶은 박물관이랍니다.

주소 서귀포시 안덕면 상창리 1963-2(서귀포시 안덕면 한창로 340)

전화번호 064-792-6114

홈페이지 www.hellokittyisland.co.kr

시간 하절기(7월~8월) 09:00~20:00, 동절기 09:00~18:00

입장료 어른 12,000원, 청소년 11,000원, 어린이(24개월 이상) 9,000원

주차장 무료

여행팁 2층 헬로키티 카페에서는 커피, 차, 아이스크림, 케이크 등을 판매하고 있습니다.

겨울 여행을 준비 중이라면 빼놓을 수 없는 곳이 바로 카멜리아 힐입니다. 동양에서 가장 큰 동백수목원인 카멜리아 힐은 전 세계 500여 종 6,000여 그루의 다양한 동백나무를 만날 수 있는 곳이에요. 동백꽃을 영어로 말하면 '카멜리아'이기 때문에 카멜리아 힐은 동백꽃 언덕쯤 되겠네요.

사실 저는 그동안 동백꽃의 매력을 잘 몰랐습니다. 세련된 느낌을 갖고 있는 장미꽃에 비해 동백꽃은 무던하고 후덕한 이미지를 가진 그런 꽃이었습니다. 그런데 카멜리아 힐을 다녀온 후 마음이 싹 바뀌었답니다.

소녀시대 윤아 씨의 CF가 촬영되기도 한 이곳은 윤아 씨처럼 여성스럽고 감성적인 곳이에요. 은은한 동백꽃 향기가 흐르는 이곳은 연인들의 사랑을 듬뿍 받고 있고 웨딩촬영 장소로도 인기를 끌고 있답니다.

수목원 중간중간에 보이는 갈런드와 연인들을 위해 놓인 의자처럼 감각적인 글귀와 소품들이 가득해요. 또 털모자와 목도리, 귀마개 등을 두른 돌하르방은

카멜리아 힐의 따뜻하고 포근한 이미지를 알 수 있게 해주었습니다.

카멜리아 힐은 총 16개의 테마를 가지고 가꾸어져 있습니다. 애기동백숲과 유럽동백숲, 아태동백숲에서는 동백꽃 향기에 푹 빠지면서 산책을 할 수 있습니다. 또, 동백꽃뿐만 아니라 이곳이 제주도임을 깨닫게 해주는 전통 초가와 올레길도 아기자기하게 꾸며져 있습니다. 그 외 보순연지와 와룡연지라는 생태연못과 전망대, 용소폭포, 잔디광장 등 다양한 테마가 가득해서 즐겁게 산책할 수 있었습니다.

연인끼리, 가족끼리 방문하기 좋은 곳이랍니다.

주소 서귀포시 안덕면 상창리 271(서귀포시 안덕면 병악로 166)
전화번호 064-792-0088
홈페이지 www.camelliahill.co.kr
시간 12월~2월 08:30~17:00, 3월~5월과 9월~11월 08:30~17:30, 6월~8월 08:30~18:00
입장료 어른 7,000원. 청소년 5,000원. 어린이(36개월 이상) 4,000원
주차장 무료

제주도에 항공과 관련된 박물관은 유채꽃이 예쁜 녹산로에 위치한 정석항공관 (188쪽 참고)이 전부였습니다. 그런데 2014년 4월에 제주항공우주박물관이 문을 열었답니다. 제주항공우주박물관은 녹차밭으로 유명한 오설록과 아주 가깝게 위치해 있습니다. 오설록을 오갈 때마다 큰 건물이 공사 중이길래 어떤 건물이 들어설까 늘 궁금했었는데, 항공우주박물관이었습니다.

제주항공우주박물관은 항공이나 우주 관련 박물관 중 내용이나 규모 면에서 아시아 최고를 자랑합니다. 으리으리한 건물은 저 속에 무엇이 들어있을까 궁금증을 자아내기 충분해요. 제주국제자유도시개발센터(JDC)와 대한민국 공군, 그리고 제주도가 함께 건립했습니다.

1층은 항공역사관으로 구성되어 있습니다. 에어홀이라고 불리는 실내 공중부양 전시관은 보는 사람들의 입을 딱 벌어지게 만듭니다. 한국 전쟁 당시 투입

되었던 비행기부터 최근까지의 약 30여 대의 실제 비행기가 공중과 바닥에 전시되어 있습니다. 또, 라이트 형제가 만든 인류 최초의 비행기인 '플라이어호'의 모형도 전시되어 있습니다. 그 외, 비행기 시뮬레이션 체험공간과 승무원 복장의 변천사 등이 흥미를 끌어요.

2층은 우주 탐사의 역사 등을 알 수 있는 천문우주관과 5개의 테마관(폴라리스, 캐노프스, 오리온, 프로시온, 아리어스)으로 이루어져 있습니다. 5D 영상관인 폴라리스에서는 360도 펼쳐진 스크린 위에 우주여행을 테마로 한 영상이 펼쳐집니다. 돔 영상관인 캐노프스는 누워서 별자리나 우주에 관한 영상을 시청할 수 있습니다. 그 외 오리온, 프로시온, 아리어스와 같은 체험시설이 있어 입장권과 BIG 3를 구매하면 3가지를 선택해서 이용할 수 있습니다.

제주항공우주박물관은 항공과 우주를 테마로 교육에 재미를 더한 체험형 박물관이었습니다.

주소 서귀포시 안덕면 서광리 산 39(서귀포시 안덕면 녹차분재로 218)
전화번호 064-800-2114
홈페이지 www.jdc-jam.com
시간 평일 및 일요일, 공휴일 09:00~18:00, 토요일 및 휴가 시즌(6월 20일~8월 31일) 09:00~21:00
휴무일 매월 첫째, 셋째 주 월요일
입장료 어른 15,500원, 청소년 및 군인 13,000원, 어린이(3세~12세) 11,000원
입장권+BIG 3 어른 23,500원, 청소년 및 군인 19,500원, 어린이(3세~12세) 17,000원
주차장 무료
여행팁 박물관 3층에는 푸드코트가 마련되어 있습니다.

눈썹 없는 세기의 미녀 '모나리자'를 알고 계시죠? 은은하면서도 신비로운 미소를 짓고 있는 〈모나리자〉는 이탈리아 르네상스 시대의 거장인 레오나르도 다빈치의 작품입니다. 〈모나리자〉는 참 유명하지만 이 작품을 그린 레오나르도 다빈치에 대해 저는 알고 있는 것이 거의 없습니다. 겨우 〈모나리자〉와 〈최후의 만찬〉이라는 작품 정도만 알고 있는 저는 레오나르도 다빈치가 뛰어난 미술가인 줄만 알았답니다. 그런데 다빈치뮤지엄에 다녀온 후 그가 단지 미술만이 아니라 여러 분야에 두각을 나타낸 세기의 천재라는 사실을 알게 되었습니다.

〈모나리자〉는 워낙 유명한 작품이다 보니 여러 소문이 무성합니다. 그 소문 중의 하나는 바로 모나리자의 눈썹이지요. 세기의 미녀라고 불리지만 눈썹이 없는 것이 참 이상해요. 〈모나리자〉를 그릴 당시 미인의 조건이 넓은 이마였기 때문에 그 시대의 여인들은 눈썹을 다 뽑아버려 눈썹이 없었다는 설과 눈썹을

미처 그리지 못했다는 작품 미완성설 등이 있습니다.

그 외에 심지어 모나리자가 여자가 아니라 남자일 것이라는 추측도 나오고 있습니다. 무엇하나 확실한 바 없는 이런 추측들은 유명세로 인해 어쩔 수 없는 것이겠지요.

다빈치뮤지엄은 아시아에서 유일한 레오나르도 다빈치 과학박물관이에요. 과학이라고 하면 뭔가 복잡하고 어려워서 별로 기대하지 않고 방문했는데, 도슨트(전시해설사)의 설명과 함께 들으니 아주 흥미진진한 시간이었습니다. 꼭 설명을 같이 들으시길 바랍니다.

박물관 1층은 레오나르도 다빈치의 자동차, 항공, 인간, 전쟁무기 등 다양한 분야에 걸친 발명품이 전시되어 있습니다. 그리고 박물관 2층은 레오나르도 다빈치의 회화 작품이 주를 이룹니다. 과학을 어려워하는 저는 1층보다 2층이 훨씬 흥미로웠답니다. 도슨트분께서 그림과 관련된 설명도 들려주어서 훨씬 흥미로운 시간이었네요.

세기의 천재 레오나르도 다빈치를 아주 가까이서 만날 수 있는 곳. 다빈치뮤지엄이었습니다.

주소 서귀포시 안덕면 상천리 837(서귀포시 안덕면 산록남로 788)
전화번호 064-794-5115
홈페이지 www.davincimuseum.co.kr
시간 09:00~18:00(7월~8월 19:00까지)
도슨트 운영시간 10:00~17:00 매 정시 시작
입장료 어른 9,000원, 청소년 8,000원, 어린이(36개월 이상) 7,000원
주차장 무료

4

알면

더 재미있는

제주의 역사

섬이라는 지역적 특색 때문에 육지와는 차별화된 음식, 문화 그리고 역사를 가지고 있는 곳이 바로 제주도입니다. 사람은 아는 만큼 보인다고 하죠? 제주도에 대해 더 많이 알고 여행을 시작한다면 여행 기간이 훨씬 유익하고 흥미로운 시간이 될 수 있답니다.

현재 제주도 행정구역은 한라산을 중심으로 북쪽은 제주시, 남쪽은 서귀포시로 나눠져 있습니다. 그런데 조선시대에는 제주도의 행정구역을 북쪽은 제주목, 서쪽은 대정현, 동쪽은 정의현으로 나눴답니다. 여기서 소개할 제주목관아는 제주목을 관할하는 관청이었으며 조선시대 제주도의 정치, 행정, 문화의 중심지였습니다.

오늘날의 도청 역할을 했던 제주목관아는 일제강점기에 심하게 훼손되었고 그 후 1991년부터 10년 이상 복원을 위해 많은 노력을 한 결과 2002년에 복원이 완료되었습니다.

제주목관아는 번잡한 제주시내에 위치해 있는데요, 관아의 관문인 외대문에서 표를 끊고 문 하나를 지나면 밖의 소란스러움이 모두 사라진 평화로운 풍경이 펼쳐집니다. 일곱여 채의 건물이 있는데 그중에서도 가장 아름다운 건물은

망경루 가는 길

바로 우련당입니다. 입구를 지나면 바로 보이는 우련당이 무슨 역할을 했는지
상상이 가시나요? 아름다운 모습 그대로 이곳은 연회를 베풀던 장소였습니다.
연못 물에 비친 우련당의 모습과 한가로운 잉어 떼의 모습이 참 아름답네요.
그 다음으로 눈에 뜨이는 건물은 관아 맨 안쪽에 위치한 망경루입니다. 목관아
중대문을 지나 망경루로 향하는 길이 참 예쁘지 않나요? 망경루는 제주목관아
에 있는 유일한 2층 건물로서 임금이 있는 한양을 바라보며 그 은덕을 기리는
장소였습니다. 망경루 옆에는 목사가 바둑을 두며 휴식을 취했던 귤림당과 집
무를 보던 연희각도 있습니다.
모든 건물 안에는 밀랍 인형이 그 역할에 맞게 전시되어 있어 이곳이 무엇을
하는 곳인지 이해를 도와줍니다.
목관아 옆으로는 관덕정이라는 건물이 있습니다. 관덕정은 보물 제322호로 지

연희각(왼쪽)과 귤림당(오른쪽)

우련당

망경루

정되어 있으며 조선시대 세종 30년(1448년)에 병사들을 훈련시키기 위해 세운 건물입니다. 목관아는 일제강점기에 훼손되었지만 이곳은 온전한 모습으로 남아 제주도에서 가장 오래된 건물이랍니다.

서울에 있는 고궁들처럼 크고 화려하진 않지만 고즈넉하게 여유로움을 즐기기에는 부족함이 없는 제주목관아는 제주특별자치도청과 제주관광공사가 지정한 제주 7대 건축물에 선정되기도 했습니다.

주소　제주시 삼도2동 1045-1(제주시 관덕로 25)
전화번호　064-728-8665
홈페이지　culture.jejusi.go.kr
시간　09:00~18:00
입장료　어른 1,500원, 청소년 800원, 어린이(7세 이상) 400원
주차장　주차할 곳이 없습니다. 근처 동문시장에 주차한 후 걸어오는 것이 편리합니다.

제주도는 예부터 탐라국이라는 별도의 이름으로 불릴 정도로 육지와는 다른 독특한 의식주 문화를 가지고 있습니다. 그래서 우리나라에 단군신화가 있듯이 제주도만의 탄생 신화가 있습니다. 삼성혈은 한반도에서 가장 오래된 유적으로 제주도의 탄생 신화를 엿볼 수 있는 곳이에요.

약 4,300년 전 고씨, 양씨, 부씨 성을 가진 삼신인이 땅에서 솟아났는데, 그 솟아난 세 구멍을 일컬어 삼성혈이라고 합니다. 지금도 삼성혈은 비석으로 둘러싸여 있으며, 고목들이 마치 삼성혈을 보호하듯 삼성혈을 향해 우거져 있습니다. 아무리 비나 눈이 많이 와도 이곳에는 물이 고이거나 눈이 쌓이지 않는다고 하네요.

다시 탄생 신화로 돌아가면, 고씨, 양씨, 부씨 성을 가진 삼신인이 땅에서 용출하여 수렵 생활을 합니다. 그러던 중 오곡의 종자와 가축을 가져온 벽랑국의 세

공주를 맞아 혼인하면서 농경 생활이 시작되고, 탐라국으로 발전하였습니다.
그 후 삼신인은 각자 다스릴 지역을 구분하기 위해 한 오름에 올라 활을 쏘았
는데, 활이 꽂힌 곳을 기준으로 1도, 2도, 3도로 나누어 도읍지를 정했습니다.
지금도 제주시에는 일도동, 이도동, 삼도동이라는 이름의 '동'이 있습니다.
서귀포시 성산읍 온평리에 위치한 연혼포는 벽랑국의 세 공주가 배를 타고 온
곳이며, 혼인지는 결혼을 위해 목욕을 했던 연못, 그리고 산방굴은 혼인을 마치
고 신방을 차린 굴이에요. 아직도 이곳들은 그 흔적을 간직하고 있다고 합니다.
전시관에서는 삼성혈 신화에 얽힌 이야기가 모형과 사진으로 자세하게 전시되
어 있고 그와 관련된 이야기도 애니메이션으로 시청 가능합니다.
삼성혈에 관한 신화를 알 수 있는 곳일뿐더러 수백 년 된 고목들이 있어 조용
하게 산책하기 참 좋은 곳이에요.

주소　제주시 이도1동 1313(제주시 삼성로 22)
전화번호　064-722-3315
홈페이지　www.samsunghyeol.or.kr
시간　4월~9월 08:30~18:30, 10월~3월 08:30~17:30
입장료　어른 2,500원, 청소년 1,700원, 어린이(7세 이상) 1,000원
주차장　무료
여행팁　근처에 고기국수 거리가 있어 식사하기 좋습니다.

삼성문

삼성혈

제주에 관한 모든 것
민속자연사박물관

지역 제주시
관광시간 2시간

제주공항에 막 도착해서 어디로 갈까 고민 중이라면 민속자연사박물관부터 먼저 들러보는 건 어떨까요? 제주도에 관한 모든 내용이 전시되어 있는 곳이 민속자연사박물관이니까요. 딱딱한 느낌이 나는 박물관을 딱 질색으로 생각하는 저조차도 이곳에서는 즐거운 시간을 보냈답니다.

민속자연사박물관은 크게 세계자연유산전시실, 자연사전시실, 민속전시실, 해양종합전시관으로 나눠져 있습니다. 세계자연유산전시실에서는 유네스코 세계자연유산으로 등재된 한라산과 성산일출봉, 거문오름 용암동굴계에 대한 자세한 설명과 함께 사실적인 모형이 곁들여져 있어 이해를 도왔습니다.

자연사전시실에서는 제주도의 동식물과 지질 등이 입체적으로 표현되어 있네요. 가장 흥미로웠던 민속전시실에서는 제주도의 의식주 및 토속신앙, 생활도구, 농경 생활과 해녀 등 제주도 전반에 관한 역사와 문화를 아우르고 있었습니다.

해양종합전시관은 바다 생물에 관해 알 수 있는 곳인데요, 특히 고래에 관한 부분이 비중 있게 다뤄져 흥미로웠습니다. 2004년도 제주도 서쪽 애월읍 해안가에서 발견되어 표본으로 제작 전시된 브라이드 고래는 빼놓을 수 없는 구경거리입니다.

주소 제주시 일도2동 996-1(제주시 삼성로 40)
전화번호 064-710-7708
홈페이지 museum.jeju.go.kr
시간 08:30~18:00
입장료 어른 1,100원, 청소년 500원
주차장 승용차 600원
여행팁 박물관 내 커피와 아이스크림을 파는 카페가 있습니다.

민속전시실

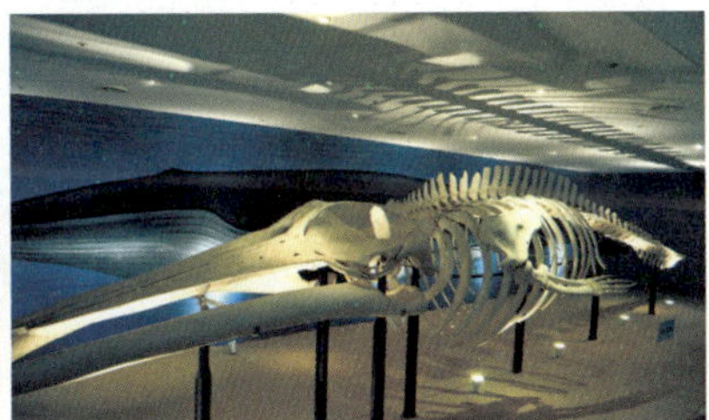
세계자연유산실

해양종합전시관

해양종합전시관-브라이드 고래 골격

산책하기 좋은 곳
산천단

📍 **지역** 제주시
⏱ **관광시간** 30분

저는 크고 오래된 나무들이 있는 곳에 가면 왠지 마음이 차분해집니다. 오랜 세월 한 장소를 지키고 있는 나무들이 주는 포근함과 아늑함이 느껴지기 때문이에요. 일상의 사소한 문제들이 거목 앞에 서면 아무것도 아닌 일처럼 생각되기도 해요.

이번에 소개할 산천단에는 아주 크고 오래된 곰솔나무 여덟 그루가 있습니다. 곰솔은 바닷가를 따라 자라기 때문에 '해송'이라고도 불리며, 줄기 색이 소나무보다 검기 때문에 '흑송'이라고도 불립니다. 그렇지만 개인적으로 곰솔이라는 이름이 참 푸근하고 정겨운 것 같아요.

산천단에 있는 곰솔 여덟 그루는 수령이 500~600년 사이이며, 천연기념물 제160호로 지정되어 있습니다. 또, 우리나라 곰솔 중에서도 가장 크고 오래되었답니다.

산천단은 원래 한라산신제를 지내는 제단이 있는 곳입니다. 옛날부터 제주도로 부임해 오는 목사는 매년 2월이면 한라산 백록담에 올라가 산신제를 지내야 했습니다. 그런데 백록담까지 가는 길이 험하고, 제물을 지고 올라가는 도중 많은 사람들이 추위로 사망을 하는 등 고생이 많았습니다.

1470년 제주도로 부임한 목사 이약동이 이를 알고 이곳으로 옮겨 산신제를 지냈고 그때부터 이곳을 산천단이라고 부릅니다. 이약동 목사는 청백리 중의 한 사람인데요, 지금 생각해 봐도 백성들을 위한 파격적인 일을 해낸 관료라는 생각이 들어요.

곰솔과 여러 노송이 만들어 내는 울창한 숲으로 인해 한여름에도 햇볕이 들지 못할 정도로 시원하다고 알려져 있습니다. 곰솔이 주는 고즈넉함을 느끼며 차분히 산책하기 참 좋은 곳이네요.

주소 제주시 아라1동 375-1(제주시 516로 3041-24)
시간 하절기 08:30~18:00, 동절기 09:00~17:30
입장료 무료
주차장 무료

곰솔 일곱 그루

나머지 곰솔 한 그루

목사 이약동 한라산신단 기적비

'해녀'라는 단어에서 주는 고단함 때문인지 저는 해녀라는 말을 들으면 괜히 가슴이 뭉클해집니다. 제주 여성을 대표하는 해녀는 잠수, 잠녀 등으로 불렸고 세계적으로 아주 희귀한 존재입니다.

예부터 제주 여성은 가정의 생계를 책임지는 강인한 여성이라는 이미지를 갖고 있는데 그 중심에 바로 해녀가 있습니다. 제주 바다에서 가끔 해녀분들을 만날 수 있지만 점점 그 수가 줄어들고 있다고 하죠? 대부분 연세가 70이 넘는 고령이고 대를 이어 물질을 하는 사람은 거의 없습니다. 혹시나 몇십 년 후엔 정말 해녀복이나 물질도구들을 박물관에서만 볼 수 있는 건 아닐까 싶어 안타깝습니다.

해녀박물관은 3개의 전시관과 어린이 체험관, 야외전시장 등으로 구성되어 있습니다.

제1 전시실–제주의 식생활

제1 전시실–애기구덕

제2전시실–불턱

야외 전시

'해녀의 삶'이라는 주제로 펼쳐지는 제1전시실에서는 해녀의 집이나 생활도구, 음식 문화 등을 엿볼 수 있습니다. '애기구덕'은 대나무로 만든 요람으로, 아기를 낳은 지 3일이 지나면 이 애기구덕에 아기를 놓고 지고 다니면서 물질을 하러 다녔습니다.

제2전시실은 '해녀의 일터'라는 주제로 꾸며져 있습니다. '불턱'은 해녀들이 잠수복을 갈아입는 노천 탈의장인데, 불을 쬐며 추위도 녹이고 동네 소식도 듣는 일종의 사랑방 역할을 하는 곳이었습니다.

제3전시실은 제주 바다입니다. 이곳에는 제주도 전통 배인 테우가 전시되어 있으며 그 외에도 우리나라 바다에 관한 전반적인 내용들이 전시되어 있습니다.

그 외 어린이 체험관에는 단순한 전시가 아닌 물허벅 져보기, 당근 심어보기, 노 저어보기 등 여러 체험거리가 있어 아이들과 함께한 가족들이 들르기 좋습니다.

제주도 속담 중 '여자로 나느니 쉐로 나주'가 있습니다. 무슨 뜻인지 아시겠나요? '여자로 태어나느니 소로 태어나는 것이 낫다'라는 뜻입니다. 그만큼 고단한 제주 여성들의 삶을 표현한 속담이 아닌가 싶습니다.

일제강점기에는 일제에 맞서 항일운동을 전개하기도 한 제주 해녀. 그 강인한 삶의 의지와 생명력을 해녀박물관에서 만나실 수 있습니다.

주소 제주시 구좌읍 하도리 3204-1(제주시 구좌읍 해녀박물관길 26)
전화번호 064-782-9898
홈페이지 www.haenyeo.go.kr
시간 09:00~17:00
휴무일 매월 첫째, 셋째 주 월요일, 신정, 설날, 추석
입장료 어른 1,100원, 청소년 500원
주차장 무료

점점 관광 상업화되어가는 제주도에서 제주도만의 옛 모습을 찾아보기가 점점 어려워지는 것 같아요. 사실 2박 3일 또는 3박 4일의 짧은 일정으로 제주도의 문화나 역사에 관심 갖기는 힘듭니다. 저 역시 제주도에 사는 1년 동안 제주도의 화려함에 홀딱 반해 있었으니까요.

제주민속촌은 여행자 입장에서 가장 제주다운 모습을 볼 수 있는 곳입니다. 19세기 제주도의 모습을 그대로 재현해 놓아 제주도의 옛 문화와 역사를 한눈에 살펴볼 수 있어요. 제주도의 전통 가옥을 그대로 재현해 놓은 것이 무려 100여 채 정도로, 제주도의 산촌, 중산간촌, 어촌 등이 특색 있게 잘 조성되어 있습니다.

또, 가옥뿐만 아니라 생활도구나 농기구 등도 8,000여 점이 전시되어 있고, 집 외양간에는 정말 소를 키우고 있어 깜짝 놀랐습니다. 전통 가옥 곳곳에서는 민속공예품을 만들어 판매하는 공예인들을 볼 수 있고 투호, 널뛰기, 그네타기, 태왈 신어보기 등 민속 문화체험까지 할 수 있는 배려가 곳곳에서 넘쳐납니다. 무엇보다 이곳에서는 제주도 전통 화장실인 '통시'를 볼 수 있습니다. 물론 체험하는 것은 아닙니다. 사방이 훤히 뚫려 있고 밑에는 흑돼지가 살고 있는 통시에서 과연 볼일을 볼 수 있을지 궁금하지만, 지금은 거의 찾아볼 수가 없습니다. 사람의 인분을 먹고 자란 흑돼지는 부드럽고 맛이 좋아 옛날부터 지금까지 제주도 음식에서 빼놓을 수가 없습니다. 이런 이유로 인해 제주도 흑돼지를 제주 똥돼지라고 부르기도 합니다.

사람 입장에서는 귀찮은 인분을 해결해 주고, 인분을 먹은 흑돼지는 맛이 좋아지니 일석이조의 혜택이 있는 지혜로운 생활문화라고 볼 수 있겠네요.

이런 전통문화뿐만 아니라 길 따라 수목이 잘 조성되어 있어 산책하기에도 꽤 좋습니다. 옛날로의 시간 여행, 한번 떠나보세요.

전화 서귀포시 표선면 표선리 40-1(서귀포시 표선면 민속해안로 631-34)
전화번호 064-787-4501
홈페이지 www.jejufolk.com
시간 08:30~18:00 전후(계절에 따라 마감 시간이 조금씩 다름)
입장료 어른 9,000원, 청소년 6,000원, 어린이(만 4세 이상) 4,500원
주차장 무료
여행팁 관람열차가 무료 운행 중입니다(09:30~17:00, 일요일은 운행하지 않음).

제주의 전통 가옥들

통시 재현 모습

서당

5

빼놓을 수 없는
제주의
바다와 섬

제주도 해변과 섬에 많이 가보셨나요? 사면이 바다인 제주도에는 참 많은 해변이 있습니다. 수영을 하기에 안전하다고 지정된 '지정해수욕장'만 해도 12곳이나 되니까요.

그런데 지정해수욕장이 아니더라도 제주도에는 멋진 해변이 많습니다. 저처럼 해변에서 물놀이를 좋아하지 않는 사람들에게는 오히려 튜브나 물놀이객 등 번잡함이 없는 이런 해변들이 더 좋답니다. 또 물놀이가 목적이 아니기 때문에 여름뿐만 아니라 사시사철 방문하기에도 참 좋아요.

또 해변 말고도 빼놓을 수 없는 것이 바로 제주의 섬입니다. 우도나 마라도는 너무 유명해져서 모르는 분들이 없을 거예요. 그 외에도 잘 알려지지 않은 섬 속의 섬을 소개할게요.

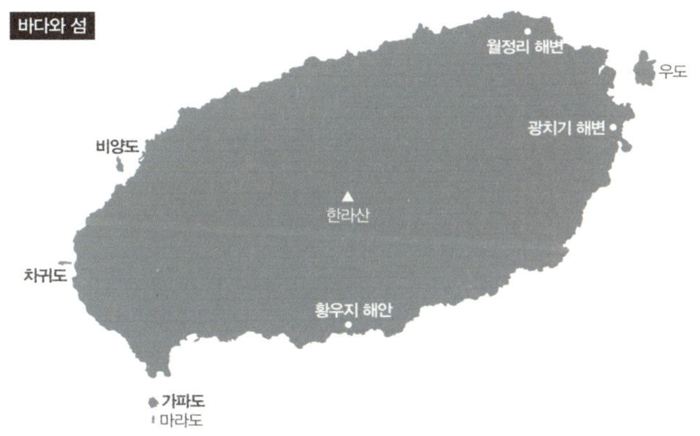

육지에 사는 친구들로부터 제주도 월정리 해변에 가보고 싶다는 이야기를 많이 들었습니다. 그럴 때마다 저는 항상 월정리 해변에 왜 가냐고 퉁명스럽게 말하곤 했죠. 월정리 해변 말고도 예쁜 해변이 얼마나 많은데 왜 하필 그곳을 가고 싶어 하는지 정말 이해가 되지 않았습니다. 함덕서우봉 해변이나 협재 해변, 김녕성세기 해변이 훨씬 예쁜데 말이죠.

그때까진 정말 월정리 해변만의 매력을 몰랐습니다. 에메랄드빛의 바다는 다른 해변에서도 충분히 볼 수 있고, 풍력발전기는 제주도 곳곳에 있으니까요. 게다가 하필 제가 월정리 해변을 찾을 때마다 날씨가 흐렸거나 바람이 거세게 불어서 아주 잠깐 머무른 게 고작이었거든요.

그러다 제주살이가 거의 2년이 될 무렵 월정리 해변의 진짜 매력을 알게 되었습니다. 오묘한 바다는 다른 해변이 갖기 힘든 색깔을 가지고 있었고, 해변의

모래는 또 얼마나 고운지요. 분명 월정리 해변의 모래는 다른 해변의 모래와 달랐습니다. 제주도 해변마다 각각 모래의 특색이 있는데, 월정리 해변은 유난히 하얗고 고우며, 살에 잘 달라붙지도 않는 그런 모래였어요.

센스 넘치는 카페 주인들은 바다를 풍경 삼아 차를 마실 수 있게 작은 의자들을 바다 쪽에 마련해 두었어요. 아무런 인테리어를 하지 않고도 바다 그 자체가 바로 그 어떤 비싼 인테리어보다 훨씬 멋진 것임을 알게 해주는 독특한 아이디어네요.

달이 머물다 갈 정도로 아름다운 해변 월정리랍니다.

주소 제주시 구좌읍 월정리

일출 명소
광치기 해변

📍 **지역** 동해안
⏰ **관광시간** 1시간

많은 분들이 제주도에서 일출을 볼 수 있는 곳으로 제주도 동해안에 위치한 성산일출봉을 떠올리곤 합니다. 그래서 매년 12월 31일이면 성산일출봉에서 성산일출제가 열립니다. 제주도에 사는 동안 새벽에 일찍 일어나 성산일출봉에 한번 올라보면 좋으련만, 게으름뱅이인 저에겐 쉽지 않은 일이랍니다.

제주도에서 일출을 보고 싶지만 성산일출봉을 오르는 30분의 시간이 부담스러우신 분들에게 저는 광치기 해변을 추천해드리고 싶습니다. 성산일출봉과 함께 일출 명소로 떠오르고 있는 해변이랍니다.

제주도의 많은 관광지들은 각자 그 이름을 갖게 된 사연이 있는데 광치기 해변 또한 마찬가지입니다. 예전에 고기를 잡으러 바다에 나갔던 어부들이 거센 파도로 물에 빠져 죽으면 이 해변으로 많이 떠내려 왔고, 시신을 발견한 주민들이 관을 짜서 묻어주었다고 합니다. 그래서 '관치기'라는 이름으로 불렸으나 제주도의 강한 억양으로 인해 지금은 '광치기'라는 이름으로 불립니다.

광치기 해변은 사실 몇 년 전만 해도 그리 유명하지 않은 해변이었습니다. 그런데 이곳이 올레 1코스의 마지막이자 2코스의 시작점이 되면서 서서히 많은 분들에게 알려지고 있습니다.

이런 점뿐만 아니라 광치기 해변은 갈 때마다 다른 매력을 보여주는 곳이에요. 특히, 물때에 따라 해변은 아주 다른 모습으로 변합니다. 썰물일 때 방문하면 초록 이끼가 가득 낀 바위가 드러나는 신비로운 풍경이 펼쳐집니다. 바위에 서서 바다를 바라보는 연인들의 모습, 이끼 낀 바위에 붙어 있는 게나 보말을 잡고 있는 가족들의 모습 또한 광치기 해변의 아름다운 풍경 중 하나예요. 그리고 성산일출봉이 물에 반영되는 모습은 이곳에서 꼭 찍어야 할 사진이랍니다.

반면, 밀물일 때는 '이곳이 광치기 해변 맞아?'라는 생각이 들 정도로 다른 모습으로 변해요. 초록 이끼가 낀 바위는 온데간데없이 사라지고 푸른 바다, 성산일출봉 그리고 그곳에 서 있는 말이 한 폭의 그림 같았습니다.

주소 서귀포시 성산읍 고성리
주차장 길가 주차
여행팁 1. 물때를 알아보고 가세요.
　　　　 2. 이끼 낀 바위는 많이 미끄럽습니다.

선녀들이 놀다간 선녀탕 황우지 해안

지역 서귀포
관광시간 1시간

제주도 대표 여행지인 외돌개는 아마 많은 분들이 다녀오셨을 거예요. 이국적인 풍경이 아름다워 탄성이 절로 나오는 곳이지요. 또, 드라마 〈대장금〉의 촬영지로 알려지면서 우리나라 관광객뿐만 아니라 중국인 관광객들로 인해 하루 종일 북새통을 이루는 곳이기도 하답니다. 많은 분들이 외돌개만 보고 다른 장소로 이동하곤 하는데, 외돌개 옆으로는 외돌개보다 더 아름다운 황우지 해안이 있습니다.

일단 외돌개 주차장에 주차를 한 후 황우지 해안 여행을 떠나봅니다. 이곳은 올레 7코스의 시작점이기도 하네요. 입구에 '솔빛바다'라는 카페가 있는데 올레 안내센터의 역할도 하고 있습니다.

야자나무가 가득한 길을 따라 가면 '황우지 해안 전적비'가 나옵니다. 그냥 지나치기 쉽지만 이곳이 바로 황우지 해안으로 가는 비밀의 통로랍니다. 옆으로 난 계단을 따라 내려가면 선녀들도 반할 만한 황우지 해안이 나와요.

멋진 바위들이 병풍처럼 둘러쳐져 두 개의 웅덩이를 만들어 냈네요. 에메랄드 빛 바닷물은 바닥이 훤히 보일 정도로 투명해요. 천연 수영장이라 불리는 이곳은 여름이면 스노클링을 하는 사람들로 붐빕니다.

이렇게 아름다운 황우지 해안에는 가슴 아픈 사연이 두 개나 있습니다. 바로 앞서 말한 황우지 해안 전적비에서 알 수 있듯이 약 40여 년 전 무장간첩이 침투해서 이곳에서 섬멸되었던 기록이 있습니다. 또, 황우지 해안 한쪽 절벽으로 보이는 황우지 해안 열두굴은 태평양 전쟁 당시의 일제 진지동굴이랍니다.

눈이 시릴 정도로 아름답지만 식민지 시절의 설움과 분단의 비극이 함께 있는 황우지 해안도 잊지 말고 들러 보세요.

주소 서귀포시 서홍동
입장료 무료
주차장 무료
여행팁 운동화를 신는 것이 좋습니다.

제주도에는 사람이 살고 있는 다섯 개의 작은 섬이 있는데 우도, 비양도, 추자도, 마라도, 가파도입니다. 그중 마라도와 가파도는 제주도 남쪽 모슬포 지역에 자리하고 있는 아름다운 섬입니다.

마라도와 가파도는 이름이 참 독특합니다. 옛날부터 마라도와 가파도 사람들은 인심이 좋아서 외지 사람들이 외상을 하고 떠나면 '갚아도(가파도) 그만, 말아도(마라도) 그만'이라고 생각했고, 여기에서 이름이 유래되었다는 이야기가 전해집니다.

가파도는 모슬포항에서 남쪽으로 약 5km 정도 떨어진 곳, 즉 모슬포항과 마라도 사이에 위치해 있습니다. 그렇지만 마라도행 배가 가파도를 경유하지는 않는답니다. 가파도행 배를 타면 약 20분 정도 후 가파도에 도착합니다.

마라도는 국토 최남단이라는 상징적인 의미와 오래 전 한 광고로 인해 이곳 자

A코스에서 보이는 제주도 본섬 모습

장면이 유명해지면서 많은 분들이 찾고 있습니다. 그에 비해 가파도는 마라도의 유명세에 가려져 있다 최근에 들어서야 조금씩 알려지고 있습니다. 몇 년 전 가파도에서 촬영된 〈1박 2일〉 프로그램과 2010년 가파도에 올레 10-1코스가 생긴 것이 많은 영향을 주었으리라 생각됩니다.

국토 최남단 마라도와 마찬가지로 가파도도 상징적인 의미를 가지고 있습니다. 가파도는 우리나라에서 가장 고도가 낮은 섬으로 섬의 가장 높은 곳이 20.5m에 불과해요. 그렇기 때문에 제주도 본섬에서 바라보면 섬 전체가 산이나 높은 언덕이 없는 납작한 접시 모양을 하고 있습니다.

또, 가파도는 우리나라가 서양에 최초로 소개된 곳으로 알려져 있습니다. 가파도 주변은 예부터 바람과 파도가 심해 배들이 표류를 많이 했습니다. 1653년 네델란드인 하멜도 가파도에 표류했고 그 후 본국으로 돌아가 '화란선 제주도 난파기'와 '조선국기'를 저술해 처음으로 우리나라가 서양에 알려지기 시작했습니다.

이런 여러 의미 외에도 제주도 봄 여행을 계획 중이시라면 가파도는 꼭 기억해 두세요. 매년 봄 제주도 본섬에서 유채꽃의 노란 물결이 일렁일 때 가파도는 초록의 청보리가 바람에 너울거립니다. 바람이 센 지역답게 돌담 안에서 바람에 따라 이리저리 춤을 추는 청보리 물결은 장관 중의 장관입니다. 18만 평의 넓은 밭에 한없이 펼쳐져 있는 초록의 청보리는 그대로 바다로 이어질 듯하네요.

가파도를 여행하는 방법은 올레 10-1코스를 걸어보거나, 해안 산책길을 따라 섬을 한 바퀴 쭉 걸어보는 것 또는 청보리밭 산책로 A와 B코스를 걸어보는 것입니다. 섬이 크지 않기 때문에 어느 길을 걸어도 상관없지만 청보리밭 산책로 A와 B코스는 꼭 걸어보시길 바랍니다. A코스에서는 제주도 본섬의 모습이 한눈에 보이는데, 이곳에서 바라보는 제주도 모슬포 해안은 신비롭기까지 합니다. 저 멀리 산방산과 송악산, 사이좋은 형제섬이 보이고, 시야가 트인 날에는

한라산까지 보입니다. 청보리 물결 속 낮은 돌담길을 따라 걷다 보면 곧 제주도 본섬에 닿을 수 있을 것만 같아요.

산책로 B코스에는 세상에서 가장 예쁜 학교라고 여겨지는 가파 초등학교가 있습니다. 낮은 건물과 상대적으로 높다란 야자나무, 알록달록한 꽃과 드넓은 잔디밭은 잠시 어린 시절 동심을 떠오르게 하네요. 또, B코스에서는 두 대의 풍력발전기와 함께 저 멀리 마라도가 손에 잡힐 듯 다가옵니다.

이러한 멋진 풍경 외에도 가파도는 세계 최초 탄소 없는 섬으로 거듭 태어나고 있습니다. 섬의 모든 전력 에너지는 풍력발전이나 태양광 등 신재생 에너지로 100% 공급되며 땅 위의 전선 또한 땅 속으로 모두 옮겨졌습니다.

봄날, 청보리 물결이 넘실대는 가파도로 여행 오지 않으시겠어요?

여행팁 가파도 내에서 자전거를 빌릴 수 있습니다. 성인 5,000원. 초등학생 4,000원.

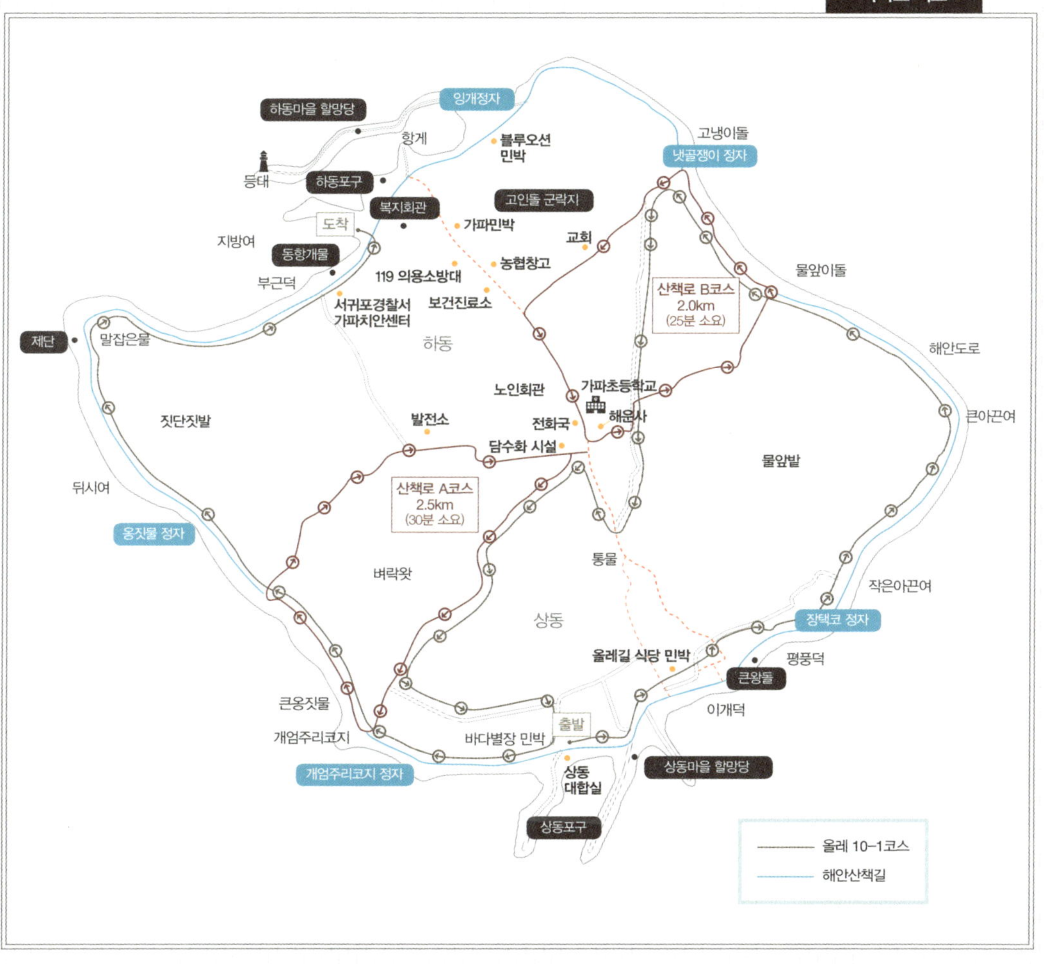
하동마을 할망당
잉개정자
블루오션 민박
고냉이돌
냇골쟁이 정자
항게
등대
하동포구
복지회관
도착
고인돌 군락지
가파민박
교회
지방여
동항개물
농협창고
물앞이돌
부근덕
119 의용소방대
서귀포경찰서
가파치안센터
보건진료소
산책로 B코스
2.0km
(25분 소요)
하동
해안도로
제단
말잡은물
노인회관
가파초등학교
해윤사
큰아끈여
짓단짓발
발전소
전화국
담수화 시설
물앞밭
뒤시여
산책로 A코스
2.5km
(30분 소요)
옹짓물 정자
벼락왓
통물
작은아끈여
상동
장택코 정자
올레길 식당 민박
평풍덕
큰왕돌
큰옹짓물
이개덕
개엄주리코지
출발
바다별장 민박
상동마을 할망당
개엄주리코지 정자
상동 대합실
상동포구
올레 10−1코스
해안산책길

모슬포항 정기여객선

주소 서귀포시 대정읍 하모리 2132-1(서귀포시 대정읍 하모항구로 8)

전화번호 064-794-5490

홈페이지 www.wonderfulis.co.kr

요금(왕복) **21삼영호(큰 배)** 성인 및 청소년 11,400원, 만 2세~12세 5,800원

삼영호(작은 배) 성인 및 청소년 8,000원, 만 2세~12세 4,000원

해양국립공원 입장료 성인 1,000원, 청소년 800원, 만 2세~12세 500원

시간 **모슬포 출발** 09:00, 11:00, 14:00, 16:00

가파도 출발 09:20, 11:20, 14:20, 16:20

※ 축제 기간에는 증편 운영하며 날씨에 따라 운항이 취소될 수 있으니
사전 문의가 필요합니다.

가파리 사무소 064-794-7130

∶ 가파도 추천 식당 ∶

올레길 식당 민박

보말 칼국수와 보리 비빔밥 등을 팔고 있습니다. 소박한 음식은 가격도 비싸
지 않고 맛도 고소하네요. 든든히 챙겨 먹고 가파도를 여행하기 부족함이 없
었습니다.

전화번호 064-792-7575

가격 보말 칼국수 8,000원, 보리 비빔밥 7,000원

그 외 식당이나 민박 정보

가파도민박 064-794-7083

바다별장 064-794-6885

블루오션 064-794-4500

이번에 소개할 섬은 제주도의 무인도입니다. 제주도는 다섯 개의 유인도(추자도, 우도, 마라도, 가파도, 비양도)와 수많은 무인도로 이루어져 있는데, 그중 차귀도는 꽤 유명한 무인도입니다.

차귀도는 제주도 서쪽 해안에 자리 잡고 있습니다. 앞서 소개한 수월봉과 자구내포구 가까이에 위치하고 있어요. 자구내포구에서 약 2km 정도 떨어져 있어 배로 10분 정도면 섬에 발을 디딜 수 있습니다.

제주도에 딸린 무인도 중에서 가장 큰 섬이며 섬 전체가 천연보호구역으로 지정되어 보호되고 있으니 풀 한 포기 가져가시면 안 됩니다. 원래는 일반인 출입금지였지만 2011년부터 수월봉 지질트레일 코스가 생기면서 누구나 갈 수 있는 섬이 되었습니다.

1970년대까지는 7가구 정도 거주하고 있었으나 지금은 아무도 살고 있지 않습니다. 차귀도 근방은 배낚시가 유명해서 낚시꾼들의 사랑을 많이 받고 있기도 합니다.

차귀도는 죽도, 지실이섬, 와도로 이루어져 있고 대나무가 많이 있는 죽도가 본섬입니다. 지실이섬은 독수리바위 또는 매바위라고도 불리며, 와도는 마치 사람이 누워 있는 모습과 비슷합니다.

차귀도는 수월봉과 자구내포구에서 바라만 보고 있어도 마음이 편안해지는 섬 이지만 직접 섬에 올라보면 또 다른 감동이 다가온답니다. 저는 차귀도를 수월 봉 트레킹 행사 때 방문했습니다. 이때 방문하면 배 요금 할인이 있고, 많은 분 들과 함께 차귀도에 갈 수 있어 외롭지 않습니다.

1시간 간격으로 출발하는 조그만 배를 타면 금방 본섬인 죽도에 닿습니다. 우 도나 마라도 같은 섬은 워낙 많이 알려져 있지만 차귀도에 대해서는 잘 알지 못했던 터라 참 설레었습니다. 주어진 시간은 1시간 정도이기 때문에 혹여나 시간이 부족하지는 않을까 걱정도 되었어요.

무인도이지만 탐방로가 꽤 잘 다듬어져 있었습니다. 하지만 수십 년 동안 사람 들이 살지 않았기 때문에 볼거리가 있지는 않습니다. 오직 풀과 바람소리가 가 득할 뿐이에요. 하지만 차귀도에서 바라보는 제주도 본섬의 모습은 얼마나 멋 지던지요. 수월봉과 고산기상대, 신창풍차해안도로가 손에 잡힐 듯 눈에 들어 옵니다.

섬 가장자리를 한 바퀴 쭉 걸어보는 차귀도 탐방에서는 예전에 사람들이 살았 던 증거인 집터와 하얀 등대를 볼 수 있습니다.

차귀도 등대는 고산리 사람들이 직접 만든 무인 등대입니다. 사람이 살았을 적 마을과 주민들을 지키는 수호신처럼 차귀도에서 가장 높은 곳인 볼래기 동산 에 위치해 있습니다. 볼래기 동산이라는 예쁜 이름은 등대를 만들기 위해 마을 사람들이 돌과 재료를 직접 들고 동산에 오르면서 숨을 '볼락볼락' 내쉬었다고 해서 붙은 것이랍니다. 등대는 1957년부터 빛을 내기 시작해서 50년이 훌쩍 지난 지금도 등대 역할을 하고 있습니다.

돌아오는 배에서는 센스 있는 선장님이 차귀도를 한 바퀴 쭉 돌며 섬에 대해 이것저것 설명해주셨습니다. 바위에 걸터앉아 낚시를 즐기는 낚시꾼들에게 손도 흔들어주며 차귀도 여행을 마무리하였네요.

 잡초가 무성하기 때문에 긴 바지와 운동화를 착용하는 것이 좋습니다.

왼쪽부터 지실이섬, 쌍둥이바위, 죽도, 와도

볼래기 동산 모습

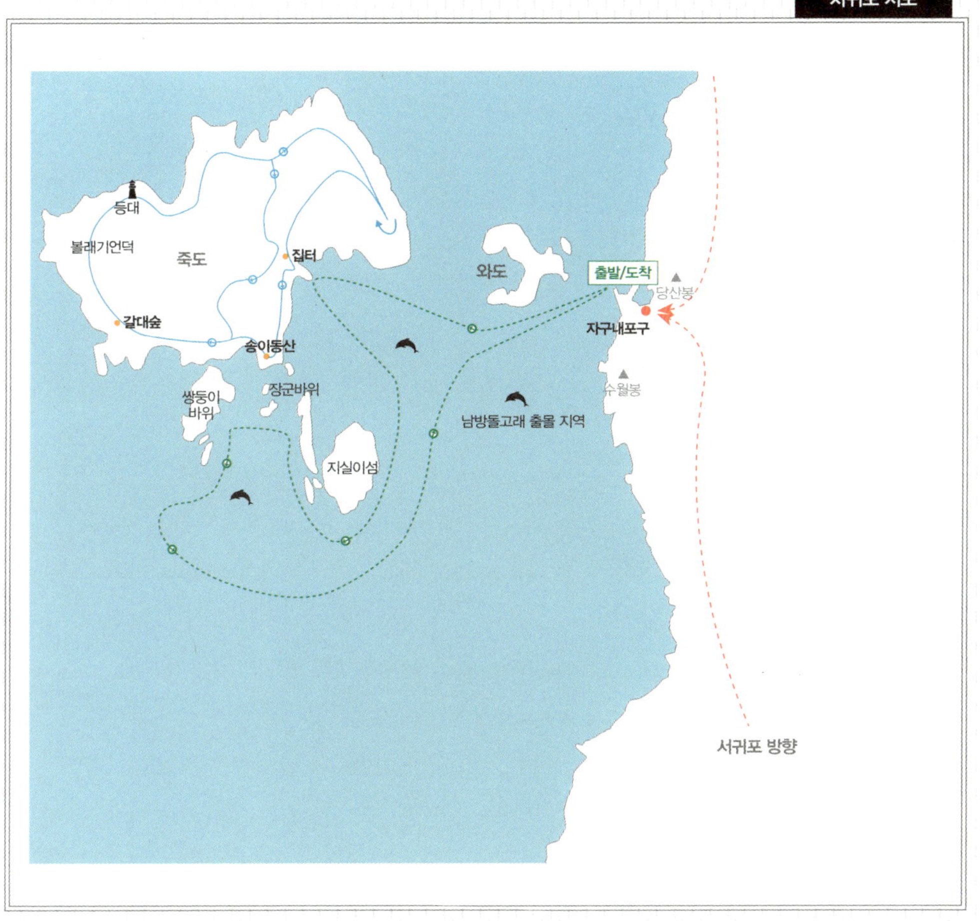

∶ 차귀도 들어가는 법 ∶

차귀도 뉴파워보트

주소 제주시 한경면 고산리 3616-9(제주시 한경면 노을해안로 1161)

전화번호 064-738-5355

입장료 어른 16,000원, 청소년 16,000원, 소인 13,000원

제주도의 섬 비양도, 들어보셨나요? 우도나 마라도에 비해 유명하지 않은 섬이라 아마 처음 들어보신 분들도 계실 거예요. 제주도에 있는 섬들 중 가장 늦게 탄생한 막둥이 섬이 바로 비양도인데 2002년이 비양도가 탄생한 지 1000년이 된 해랍니다. 고려 시대에 화산폭발로 인해 탄생했다는 기록도 갖고 있어 우리나라에서 탄생기록을 갖고 있는 유일한 섬이기도 해요.

제주도 서쪽에 있는 협재 해변을 방문해 보신 분들이라면 아마 비양도를 아실 거예요. 협재 해변을 더욱 아름답게 해주는 것이 바로 비양도이니까요.

잘 알려지지 않은 섬 비양도를 사람들에게 알린 고마운 일등 공신은 바로 2005년 고현정, 지진희, 조인성 씨가 나왔던 드라마 〈봄날〉입니다. 그 이후 세상에 점점 알려지긴 했지만 여전히 한적한 섬이랍니다.

한림항에서 출발하는 배 비양호를 타면 15분 만에 비양도에 도착합니다. 선착장에 내려 주변을 둘러보니 유명한 호돌이식당과 〈봄날〉의 촬영지인 비양보건

펄랑못

비양봉 전망대에서 보이는 풍경

협재 해변에서 바라본 비양도

비양분교

진료소가 보이네요. 호돌이식당은 보말죽이 유명한데 만드는 데 시간이 걸리는 편이니 미리 주문을 한 후 섬을 둘러보는 것이 좋습니다.

비양도를 여행하는 방법은 두 가지입니다. 섬을 한 바퀴 둘러보는 해안산책로를 걷거나 비양봉을 오르는 것이에요. 저는 먼저 해안산책로를 걸어보았습니다. 비양도에는 자동차가 없는데 그만큼 걸어 다녀도 충분할 정도로 작은 섬이랍니다. 해안산책로를 한 바퀴 걷는 데에도 한 시간이면 충분하니까요.

잘 다듬어진 해안산책로에는 볼거리들이 꽤 있습니다. 바닷물이 들어와서 만들어진 염습지인 펄랑못이 있고요, 펄랑못을 지나면 천연기념물인 용암기종이 나옵니다. 용암기종은 애기업은 바위라는 별명으로 더 유명하답니다. 그 후 나오는 수석거리와 코끼리 바위 등 소소한 즐거움이 있는 해안산책길이에요.

해안산책로를 걷고 난 후 호돌이식당에서 보말죽을 먹었습니다. 주인아주머니께서 직접 바다에서 따온 보말로 만든 죽은 참 고소하네요. 보말죽으로 배를 채운 후에는 비양봉으로 향했어요. 정상까지 500m인 비양봉 꼭대기에는 비양등대가 있는 것으로 알려져 있는데요, 아쉽지만 저는 배 시간에 쫓겨 중간에 있는 비양봉 전망대까지만 올라갔다 왔답니다.

천년의 역사와 아름다움을 간직한 섬 비양도였습니다.

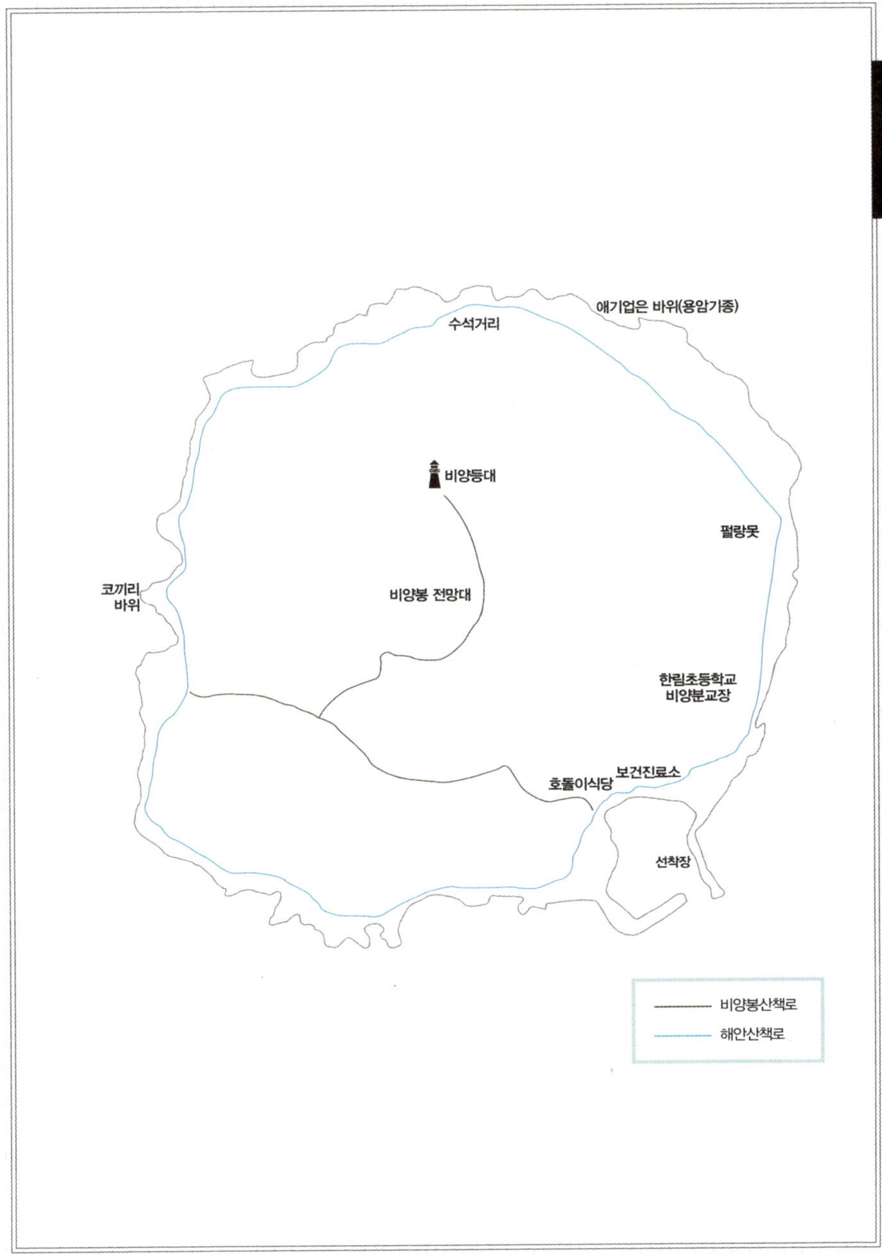
애기업은 바위(용암기종)
수석거리
비양등대
펄랑못
코끼리
바위
비양봉 전망대
한림초등학교
비양분교장
보건진료소
호돌이식당
선착장
비양봉산책로
해안산책로

한림항

주소 제주시 한림읍 대림리

전화번호 064-796-7522

시간 **한림항 출발** 09:00, 12:00, 15:00
　　　비양도 출발 09:16, 12:16, 15:16

요금(왕복) 어른 6,000원, 어린이(24개월 이상) 3,600원

◇◇◇◇◇◇◇◇◇◇

호돌이식당

주소 제주시 한림읍 협재리 3026

전화번호 064-796-8475

가격 보말죽 10,000원 등

6

그 외
가보면
좋을 곳

이곳에서는 앞에 나온 챕터에 분류되지 않았지만 가보면 좋을 곳을 소개할게요. 가도 그만, 안 가도 그만인 곳들이 아니라 아주 멋진 곳들을 소개하니 잊지 말고 여행 계획에 꼭 넣어보세요.

**기억의 정원
두맹이 골목**

 지역 제주시
 관광시간 30분

제 나이가 많이 들진 않았지만 몇십 년 사이에 세상이 참 많이 변했다는 생각이 들어요. 저 어릴 적에는 친구들이랑 함께했던 놀이들이 많이 있었는데 요즘 아이들은 컴퓨터 게임 외에는 별다른 놀이가 있는 것 같지 않네요.

저는 학창 시절 쉬는 시간만 되면 친구들이랑 공기놀이를 했습니다. 공기놀이 다들 기억나시나요? 또, 문구점에서 싼값에 살 수 있었던 종이인형놀이도 빼놓을 수 없네요. 그리고 학교가 끝나면 문구점에서 아이스크림 하나 사 들고 동네 골목에서 고무줄놀이를 하느라 시간 가는 줄 몰랐답니다.

여기서 소개할 두맹이 골목은 이런 어릴 적 기억을 새록새록 생각나게 해 주는 곳이에요. 그래서 기억의 정원이라는 이름이 붙었는지도 모르겠네요. '두맹이'라는 이름은 돌이 많다는 뜻의 '두무니머들'이 와음된 것입니다.

하루가 다르게 변해가는 제주도에서 두맹이 골목은 가장 낙후된 곳이었습니다. 그래서 2008년 이 골목 일대의 생활개선을 위한 프로젝트가 시작되었고 지금과 같은 모습으로 변신했습니다.

골목 양옆으로는 벽화가 그려져 있습니다. 이 그림들은 공공미술 공모사업 당선작과 제주지역 대학생들의 작품, 그리고 인근 3개 초등학교 학생들의 작품들입니다. 숨은그림찾기를 하듯 골목길 사이사이를 오가며 벽화 찾는 재미가 있네요.

2009년 제주시가 선정한 숨은 비경 31에 속하는 두맹이 골목에서 추억 찾기를 한번 해보는 건 어떨까요?

주소 제주시 일도2동
주차장 길가 주차

제주도는 참 시장이 많습니다. 대표적인 제주시민속오일장은 아주 유명해서 시장이 열리는 날이면 북새통을 이루지요. 제주시민속오일장 외에도 제주 곳곳에는 오일장이 열 곳 이상 있답니다.

하지만 여행 와서 오일장 시간 맞추기란 참 어렵습니다. 그럴 때는 제주동문시장이 어떨까요? 서귀포에 있는 서귀포매일올레시장과 함께 날마다 열리는 상설시장이랍니다.

규모가 큰 제주동문시장은 동문수산시장, 동문공설시장, 동문재래시장으로 나눠져 있습니다. 이 셋을 합쳐 그냥 동문시장이라고 부릅니다.

동문시장은 특히 수산시장이 유명합니다. 아무래도 제주도가 섬이다 보니 싱싱한 생선을 사려는 제주시민과 관광객들이 많이 있고요, 또 즉석에서 회를 썰어주는 횟집도 많이 있기 때문이에요.

바다에서 갓 잡아 올린 번쩍번쩍 은빛을 내는 갈치, 배를 갈라 잘 말린 옥돔,

주소   제주시 일도1동 1148-2(제주시 동문로 16)
전화번호   064-722-3284
주차장   30분 이내 무료, 그 후 유료

쫄깃쫄깃하고 맛있는 전복, 하얗고 부드러운 한치 등 제주산 해산물들이 여기 저기서 사람들의 시선을 끌어당깁니다. 상차림 값만 내면 회를 구입해서 먹어볼 수 있는 회센터들도 많이 있고 회를 구입해서 숙소에 맛보려는 사람들도 있습니다. 저도 이곳에서 싱싱한 광어회 한 접시를 맛보았답니다.

해산물뿐만 아니라 제주 감귤이나 한라봉, 한라향, 레드향이 예쁘게 포장되어 주인을 기다리고 있고, 예전부터 제주 여행의 필수 기념품인 돌하르방도 곳곳에 눈에 뜨입니다. 유명한 제주 감귤 초콜릿과 백년초 초콜릿, 녹차 초콜릿 등 초콜릿 종류도 다양하고, 쿠키나 과자, 젤리 등도 많아 무엇을 사야 할지 고민하게 만드네요.

또, 시장 구경 하면 간식거리를 빼놓을 수가 없는데요, 그중에서도 사랑분식과 서울떡볶이 가게에는 출출한 배를 달래려는 제주시민들과 관광객들이 끊이질 않는답니다.

북적북적 사람 냄새가 물씬 나는 제주동문시장에서 기념품을 사며 제주 여행을 마무리하는 건 어떨까요?

꽃샘추위가 물러가기도 전부터 봄을 알리는 전령사가 제주도 곳곳에 나타나기 시작합니다. 바로 제주도의 대표 꽃인 유채꽃입니다. 옷깃을 여미게 만드는 꽃샘추위가 있지만 섬 곳곳에 피어나는 노란 물결을 보면 봄이 다가오고 있음을 실감할 수 있습니다.

이른 봄부터 피어나기 시작해서 4월이면 절정을 달하는 유채꽃 덕분에 온 섬이 노란 물결입니다. 유채꽃으로 유명한 곳은 동쪽 섭지코지와 성산일출봉 근처, 그리고 남쪽의 산방산 근처입니다. 하지만 이 부근 일대 유채꽃밭 대부분은 1인당 1,000원 정도의 사진 값을 받고 있어 약간은 황당한 마음이 들기도 합니다.

그래서 저는 이곳들보다 더 좋다고 생각하는 곳, 아는 분들만 알고 찾아가는 녹산로를 소개하고 싶네요. 많은 분들이 제주도 드라이브 코스로 해안도로만을 생각하시지만 봄의 녹산로는 빼놓을 수 없는 드라이브 코스랍니다.

녹산로는 제주시 교래리부터 서귀포시 표선면 가시리까지 이어진 약 12km의

제주대학교 왕벚꽃 터널

굉장히 긴 길입니다. 주변에 건물이라곤 찾아볼 수 없는 한적한 이곳에 봄이면 유채꽃이 길 양옆으로 활짝 피어요. 길 곳곳에 차를 세울 수 있는 공간까지 마련되어 있어 드라이브하다 멈춰 사진 찍기에 참 좋네요. 도로도 길고 사람도 별로 없어 북적대지도 않고 유채꽃을 배경으로 마음껏 사진 찍기 좋은 곳이에요. 제주도의 거센 바람을 이용해서 전기를 만들어 내는 풍력발전기는 공해 없는 청정 에너지라는 착한 쓰임새뿐만 아니라 제주도 풍경을 멋지게 만들어 주는 역할을 하고 있습니다. 녹산로에서도 역시 유채꽃과 함께 천천히 움직이는 하얀 풍력발전기는 이곳을 좀 더 멋스럽게 만드네요.

벚꽃이 피는 시기에는 유채꽃뿐만 아니라 길 양옆으로 벚꽃도 만발하는 것으로 알려져 있지만 그 시기가 워낙 짧아 유채꽃과 벚꽃을 모두 볼 수 있는 기회를 잡는 것은 굉장히 힘듭니다. 이렇게 아름다운 녹산로는 '한국의 아름다운 도로 100선'에도 선정된 적이 있습니다.

건물을 찾아보기 힘든 녹산로에 유일하게 눈에 띄는 곳이 있는데 바로 정석항공관입니다. 대한항공에서 운영 중인 정석항공관은 많은 볼거리가 있진 않지만 녹산로와 함께 가볍게 둘러보면 좋습니다. 정석항공관에서 가장 눈길을 끄는 것은 시대별 스튜어디스들의 복장이네요. 과거의 옷차림도 굉장히 예뻐요. 또, 기장실 내부를 살펴볼 수 있는 비행기 내부 재현 공간도 있고, 작은 비행기 모형들이 전시되어 있어 구경하기에 괜찮습니다.

녹산로

찾아가는 법 내비게이션에 '정석항공관'으로 검색합니다.

정석항공관

주소 서귀포시 표선면 가시리 3795-2(서귀포시 표선면 녹산로 554)
전화번호 064-784-5322
입장료 무료
시간 09:00~17:00
휴무일 월요일, 신정, 구정, 추석 당일
주차장 무료

제주도의 봄은 참 화사합니다. 노란 물결의 유채꽃 외에도 하얀 꽃비를 내리게 해주는 제주도 왕벚꽃이 있습니다. 사실 저는 그동안 벚꽃은 일본 꽃이라고 생각했습니다. 그래서 여기저기서 열리는 벚꽃 축제나 벚꽃을 좋아하는 제 마음이 내심 꽤 불편했었지요. 그런데 그동안 제가 몰랐던 사실 하나. 제주도 왕벚나무는 한라산이 원산지입니다. 특히, 제주시 봉개동에 위치한 왕벚나무 자생지는 천연기념물 제159호로 지정 보호되고 있고, 왕벚꽃은 일반 벚꽃보다 꽃잎이 크고 화사한 걸로 알려져 있습니다. 이제는 당당히 벚꽃을 좋아할 수 있게 되었답니다.

제주도에 벚꽃이 유명한 곳이 많이 있는데요, 제주시 종합경기장 일대에서는 매년 봄 '제주 왕벚꽃 축제'가 열리고 있고, 제주시 전농로(KAL 호텔 앞)와 제주대학교 왕벚꽃 터널도 빼놓을 수 없는 곳이랍니다.

지역 서귀포
관광시간 1시간

제주도는 해안을 따라 나 있는 아름다운 산책로가 참 많이 있습니다. 그중 이곳에서 소개할 남원큰엉은 굉장히 아름답지만 그에 비해 잘 알려지지 않았답니다.

제주도에는 유독 '엉'이라는 글자가 붙은 이름이 많이 있습니다. '엉'은 제주말로 작은 굴이라는 뜻도 있고, 언덕이라는 뜻도 있는데 이곳에서는 큰 언덕이라는 의미로 쓰였네요.

바닷가를 따라 나 있는 1.5km의 산책로는 큰 볼거리는 없지만 연인끼리, 가족끼리 다정하게 손잡고 걷기 참 좋습니다. 그리고 걷다 보면 이곳에서 꼭 빼놓지 말고 사진을 찍어야 하는 포토존이 나오는데요, 바로 한반도 지도입니다. 산책로를 따라 자라고 있는 나무들이 만들어 낸 걸작품이네요.

올레 5코스에 포함되어 있지만 아는 사람만 알고 찾아온다는 남원큰엉해안경승지는 차분하게 산책하기 좋은 곳이랍니다.

주소   서귀포시 남원읍 남원리
입장료 무료
주차장 길가 주차(내비게이션에 '금호제주리조트'로
　　　　검색해서 가는 것이 편합니다)

지역 중문
관광시간 1시간

중문관광단지에 있는 신라호텔이나 롯데호텔은 정원이 잘 가꾸어져 있다는 것을 오래 전부터 알고 있었는데요, 씨에스 호텔은 비교적 최근에 들어서야 알게 되었답니다. 그 유명한 드라마인 〈시크릿 가든〉의 촬영지인데, 드라마를 잘 보지 않는 저로서는 알 턱이 없었답니다.

올레 8코스는 중문관광단지를 통과합니다. 그중 씨에스 호텔의 정원도 올레 8코스 일부에 해당돼요. 호텔에 투숙하지 않으면 왠지 호텔에 들어가기 민망한 마음이 드는 저는 이렇게 올레길이 호텔 정원에 포함되어 있어 구경하는 마음이 훨씬 편했습니다. 호텔 입장에서는 투숙객이 아닌 외부인이 호텔 정원에 들어오는 것이 별로 반갑지는 않을 것 같은데 많은 사람들을 위해 호텔 정원을 개방한 씨에스 호텔의 넉넉한 마음 씀씀이에 기분이 좋기도 했습니다.

씨에스 호텔은 초가집을 테마로 한국 전통의 미를 살린 단독 별장형 객실이 특

징적입니다. 현대식 호텔이나 리조트에 익숙해진 저에게 이런 느낌의 호텔은 참 신선했습니다. 우리나라에 살면서 이런 초가집이 오히려 낯설게 다가오는 것이 아이러니한 사실이네요. 객실뿐만 아니라 호텔 레스토랑과 카페도 모두 초가집이랍니다.

카페 옆으로는 씨에스 호텔의 정원이 펼쳐집니다. 〈시크릿 가든〉에서 현빈 씨와 하지원 씨가 앉았던 일명 '키스벤치'도 바다를 풍경 삼아 놓여 있습니다. 그래서 저도 살짝 앉아보았네요.

푸른 바다와 키다리 야자나무를 가진 이국적인 풍경과 함께 초가집이라는 한국 전통의 미가 조화를 잘 이루는 씨에스 호텔, 제가 제주도로 여행을 온다면 꼭 한번 묵어보고 싶은 호텔이랍니다.

주소 서귀포시 중문동 2563-1(서귀포시 중문관광로 198)
전화번호 064-735-3000
홈페이지 www.seaes.co.kr
주차장 무료
여행팁 카페 카노푸스에서 먹은 단호박 빙수도 괜찮았습니다.

키스 벤치

♀ 지역
　약천사 – 중문
　방주교회 – 중산간
⏰ 관광시간 각 1시간

우리나라에서 종교는 참 민감한 내용이죠. 하지만 여기서 소개할 약천사와 방주교회는 종교를 떠나 한번쯤 방문할 가치가 있어 저도 다녀와 봤습니다.

약천사는 제주도 남쪽 중문관광단지 가까이에 위치해 있습니다. 이국적인 중문관광단지 근처에 동양적인 사찰이 있다는 사실이 참 이색적이었습니다.

약천사는 마시면 건강해지는 약수가 있다 해서 이런 이름이 붙었습니다. 동양 최대 규모의 사찰이기 때문에, 약천사를 방문하면 그 으리으리한 규모에 깜짝 놀라실 수도 있습니다. 3층 규모의 약천사 법당은 사찰이라기보다는 마치 옛날 궁궐 같다는 생각마저 드네요. 그 어마어마한 크기에 종교와 신 앞에서 한없이 작아지는 인간의 모습이 떠올랐습니다.

약천사는 크기가 클 뿐만 아니라 경치도 아주 좋습니다. 법당 아래로 연못과 작은 폭포, 야자나무, 돌하르방이 잘 조성되어 있어 하나의 공원에 와 있는 듯해요. 쭉쭉 뻗은 야자나무와 돌하르방은 약천사와 그 안의 신도들을 지키는 수호신 같다는 느낌이 들었습니다.

외국인들도 많이 찾는 약천사에서는 템플 스테이도 운영하고 있습니다. 사찰 문화 프로그램을 경험하고 싶은 분들은 약천사 홈페이지를 참고하면 템플 스테이에 관한 자세한 정보를 얻을 수 있습니다.

다음으로 방문한 곳은 방주교회입니다. 방주교회는 세계적인 재일교포 건축가 이타미 준의 작품이에요. 제주도에는 유독 이타미 준의 작품이 많이 있는데, 방주교회와 포도 호텔, 핀크스 비오토피아 등입니다. 핀크스 비오토피아는 최고급 타운하우스로 일반인은 출입이 금지되고 있으며, 포도 호텔은 투숙하지 않더라도 레스토랑 이용이 가능한데 이곳 새우튀김우동이 유명합니다.

방주교회는 성경에 나오는 노아의 방주를 형상화한 교회입니다. 그래서 마치 교회가 물에 떠 있는 듯한 느낌이 들어요. 2009년에 설립되었으며 2010년에는 한국건축가협회에서 대상을 수상하기도 했습니다.

방주교회는 간결한 선과 함께 금속, 나무, 물과 같은 간단한 재료만을 사용하여 만든 환상적인 건물이에요. 건축에 문외한인 제가 봐도 멋진 건물이랍니다. 유난히 하늘이 파란 날, 햇빛을 받은 지붕과 물, 교회가 반짝반짝 빛났습니다. 연못 안에는 동글동글 조그만 돌멩이가 가득하고 그 위로 놓인 징검다리를 총총 건너 교회에 들어가는 길은 마치 다른 세상으로 연결되는 듯했어요.

멋진 건물로 인해 방주교회는 사진작가들 사이에 유명한 출사 장소입니다. 이곳에서 꼭 찍어야 할 사진은 바로 연못에 교회가 반영되는 사진이라 저도 한 장 찍어보았습니다. 참고로, 예배당 내부는 사진촬영이 금지되어 있습니다.

어찌 보면 건물 하나 달랑 있는 곳이 뭐가 멋질까 싶지만, 저는 이곳에서 시간 가는 줄 모르고 머물렀습니다. 종교를 떠나 마음이 차분해지는 느낌이 들었거든요. 방주교회 옆으로는 올리브 카페가 있어 조용히 차 마시기 좋습니다.

약천사와 방주교회, 꼭 한번 방문해 보세요.

방주교회

주소 서귀포시 안덕면 상천리 427(서귀포시 안덕
    면 산록남로 762번길 113)
전화번호 064-794-0611
홈페이지 bangjuchurch.org
시간 평일 10:00~12:00, 13:00~16:00(토요일
    은 오전만)
휴무일 월요일 및 공휴일
주차장 무료

약천사

주소 서귀포시 대포동 1165(서귀포시 이
　　　어도로 293-28)

전화번호 064-738-5000

주차장 무료

앞서 소개한 월정리와 함께 지금 제주도에서 뜨고 있는 마을이 바로 대평리입니다. 몇 년 전만 해도 조용했던 마을이었는데 지금은 핫한 마을로 변신했네요.

대평리는 지번 주소상으로는 서귀포시 안덕면 창천리입니다. 그런데 대평마을이라는 이름으로 더 많이 불려요. 개인적으로도 창천보다는 대평이라는 이름이 훨씬 마음에 드네요. 또, 도로명 주소는 서귀포시 안덕면 난드르로입니다. '난드르'는 넓은 뜰이라는 뜻인데 대평마을의 특징을 참 잘 담아낸 말이랍니다. 산길처럼 구불구불한 길을 한참 가면 갑자기 바다를 향해 탁 트인 넓은 마을이 나타나기 때문이에요. 그래서 난드르마을이라고도 불린답니다.

대평리는 제주도 다른 시골마을처럼 참 평화롭고 조용한 마을입니다. 원래 대평마을과 그 주변은 마늘이 유명해요. 제주도에서는 마늘을 '마농'이라고 부른답니다. 그런데 대평마을이 올레 8코스의 종점이자 9코스의 시작점이 되면서 또, 영화감독 장선우 씨 부부가 이곳에 '물고기 카페'를 차리게 되면서 점점 알려지게 되었습니다. 그 후 대평리는 육지 사람들이 제주도로 이주할 때 가장 선호하는 마을이 되었답니다. 이제는 대평리의 땅값이 많이 올랐다는 소식도 들리네요. 관광객 입장에서는 잠시 스쳐가는 곳이지만 이곳에서 평생을 살아가는 대평주민들 입장에서는 이렇게 관광지화되어가는 마을이 어떨까 하는 생각이 잠시 들었습니다.

제주도의 수많은 마을 중에서 대평마을이 인기를 끌고 있는 것은 그 이유가 있기 때문이겠죠. 대평마을은 분명 특별하면서도 다른 분위기를 가지고 있습니다. 대평포구의 상징이 된 빨간 등대 소녀와 수직 절벽인 박수기정은 대평마을의 빼놓을 수 없는 볼거리입니다. 저 멀리 사이좋은 형제섬과 송악산까지 보이네요. 꼭 이런 볼거리뿐만이 아니더라도 대평마을만의 차분하고 평화로운 분위기가 있습니다.

타박타박 대평마을을 산책하다 보면 물고기 카페뿐만 아니라 참 많은 카페와 게스트 하우스를 만날 수 있습니다. 〈인간극장〉 프로그램에 나온 카페 '거닐다'는 항상 예약 손님이 가득하고요, 대평포구 바로 앞에 자리 잡은 '레드브라운' 카페는 핸드드립 커피가 맛있다고 소문이 났습니다. 또, 카페 이외에도 분위기 좋고 이색적인 게스트 하우스가 많아 젊은 층 사이에 인기를 끌고 있답니다.

대평포구

주소 서귀포시 안덕면 감산리 982-2
주차장 삼거리 마트 앞 공영주차장, 대평포구 앞 공터

대 평 리 지 도
마을회관
쥬빌리 펜션
이나께리 덕커
휘랑로GH
올레풍차GH
선라쌀롱
난드르 깡통컵
달팽댁
늘바다
난드르펜션
바난올레 펜션
라림 호텔
마이버 하우스
대평 화산타
밭길이 머무는곳GH
저녁다 피자
용왕 난드르 식당
영월식당
오소록GH
근데 브라운 까페
썩거리 슈퍼
버스 정류장
사소한 골목
대평애 오보
난드르 붕식
이용GH
롱씨비씨GH
GS25시 편의점
티벳용품점수거
바당둘 펜션
물영 쉬엉
물고기 까그네
박수기정

세상에서 제일 예쁜 학교가 제주도에 있습니다. 그 학교는 제주도 서쪽 하가리라는 아주 작은 마을 안에 자리 잡고 있습니다. 바로 애월초등학교 더럭분교입니다. 하가리 마을 안에 깊숙이 숨겨져 있는 학교를 숨바꼭질하듯 찾아가다 보면 멀리서도 학교가 눈에 뜨입니다.

더럭분교는 한때 학생 수가 너무 적어 폐교 위기에 처해 있던 학교였습니다. 그러나 하가리 마을에서 학교 살리기에 노력하고 또 휴대전화 광고에 등장하게 되면서 이제는 전국적으로 유명세를 지닌 학교로 변신했습니다.

더럭분교는 단층 건물에 알록달록 예쁜 무지개 색깔을 갖고 있습니다. 세계적인 컬러리스트 장필립 랑클로가 참여한 삼성전자 휴대전화의 컬러프로젝트 일환으로 이런 예쁜 색을 갖게 되었답니다.

푸른 잔디와 알록달록한 건물의 학교에서는 학교 폭력이 없는 순수한 동심만

이 자라고 있을 것 같습니다. 어릴 적 신나게 운동장에서 놀다가 달려와 세수했던 수돗가와 제가 초등학교 다닐 적에는 없었던 급식실마저 모두 알록달록 무지개네요.

더럭분교를 처음 방문하려고 마음먹었을 때 살짝 망설여졌습니다. 낯선 외부인이 여행이라는 이유로 학교에 들어와 사진 찍고 구경하는 것이 아이들 교육이나 안전상 별로 좋지 않을 거라는 생각이 들었거든요. 워낙 유명해져서 저뿐만 아니라 많은 분들이 찾아오고 있으니까요. 그래서 일부러 여름방학에 맞춰 학교를 방문했습니다. 가급적 아이들과 선생님들에게 피해가 가지 않는 시간에 맞춰 방문하는 것이 좋을 듯하네요.

더럭분교 옆으로는 하가리 연화못이 있습니다. 제주도에서 가장 큰 연못이에요. 하가리 연화못만 있다면 일부러 찾아오기에는 살짝 아쉬운 관광지이지만 더럭분교 옆에 있기 때문에 같이 둘러보면 좋습니다.

연꽃은 7월 말에서 8월 중순까지가 가장 화사하게 핍니다. 연못 중앙에는 멋들어진 정자가 마련되어 있어 여행자들의 쉼터가 되고 있네요. 멀리서 바라보니 연꽃들이 정자를 떠받들고 있는 것처럼 보였습니다.

하가리는 원래 예쁜 돌담길이 유명한 마을이에요. 연못 옆으로 버드나무가 드리워진 돌담길이 있어 차분히 산책하기 참 좋습니다.

애월 더럭분교

주소 제주시 애월읍 하가리 1580-1(제주시 애월읍 하가로 195)
전화번호 064-799-0515
시간 평일 08:00~17:00 통제, 토요일 13:00~ 방문 가능, 일요일 및 공휴일 09:00~일몰 방문 가능
주차장 길가 주차
여행팁 연화못 앞 카페 프롬더럭에서 차 한잔 마시기 좋습니다.

**의자 마을
낙천아홉굿마을**

지역 서해안
관광시간 1시간

제주도 서쪽에 있는 낙천아홉굿마을은 1,000개의 의자가 있는 마을입니다. '굿' 은 연못을 뜻하는 제주말인데 마을에 아홉 개의 연못이 있어 아홉굿마을로 불 립니다. 원래 뜻은 이러했지만 지금은 아홉 개의 굿(Good)이 있으면 좋겠다는 소망을 담은 뜻도 들어있답니다.

입구에서부터 사람의 키를 훌쩍 뛰어넘는 거대한 의자가 이곳이 의자마을임 을 말해줍니다. 거인의 나라에 온 듯하네요. 거인 의자를 지나면 본격적인 의 자 마을의 풍경이 펼쳐집니다. 다양한 디자인의 1,000개의 의자는 모양만큼이 나 다양한 이름을 가지고 있습니다. 'e-변한세상', '그 손 치워', '한가人' 등 피 식 웃음이 새어 나오는 센스 넘치는 이름을 갖고 있네요. 이런 의자 이름은 전 국에서 공모한 것들이라고 합니다.

마을 살리기 차원에서 주민들이 직접 손수 만든 의자들이 가득한 의자마을이 라 더욱 의미가 있는 것 같습니다.

주소   제주시 한경면 낙천리 1916(제주시 한경면
       낙수로 97)
전화번호   064-773-1946
홈페이지   ninegood.go2vil.org
입장료   무료
주차장   무료
여행팁   일부러 찾아가기보다는 주변 관광지와 함께
       둘러보는 것이 좋습니다.

7

꼭 한 번은
올라야 할
한 라 산

　　제주도는 2002년 생물권 보전지역, 2007년 세계자연유산, 2010년 세계지질공원으로 인증되어 유네스코 자연과학분야 3관왕을 달성했습니다. 그리고 2011년에는 세계제7대자연경관으로 선정되는 영광까지 갖게 되었죠.

제주도가 이런 놀라운 영광을 안게 된 데에는 바로 제주의 상징이자 제주 오름들의 모태가 되는 한라산이 있습니다. 남한에서 제일 높은 1950m 높이의 한라산은 5개의 등반 코스를 가지고 있습니다. 한라산 등반의 꽃인 백록담을 볼 수 있는 성판악, 관음사 코스와 비록 백록담은 볼 수 없지만 풍경이 멋지기로 소문난 영실, 어리목, 돈내코 코스가 있습니다.

이제부터 가장 인기가 많은 세 코스 성판악, 영실, 어리목 코스를 소개할게요

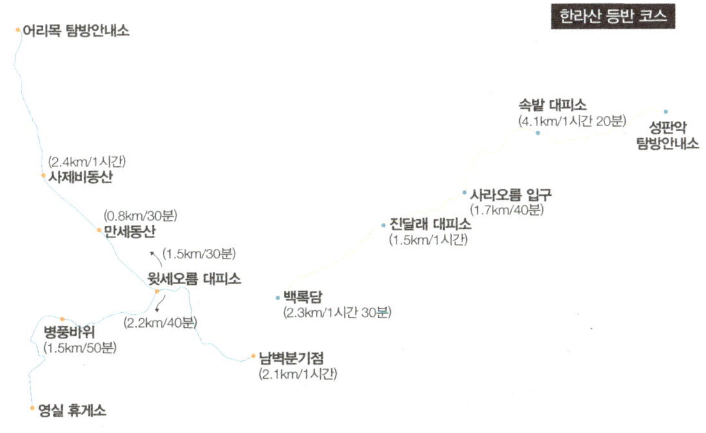

백록담 정상까지 오를 수 있는 한라산을 대표하는 코스입니다. 성판악 탐방안내소에서부터 시작된 등산은 삼나무가 가득한 속밭과 속밭 대피소, 사라오름 입구를 지나 진달래 대피소에 도착합니다. 진달래 대피소까지는 등산이라기보다는 숲길을 걷는 듯 제법 쉬운 코스입니다.

진달래 대피소에는 컵라면과 생수, 초코파이 등을 판매하고 있습니다. 이곳에서 간단한 간식과 함께 점심을 해결한 후 다시 산행이 시작됩니다. 이때부터는 제법 등산다운 코스가 이어집니다. 또 풍경도 확 트이면서 훨씬 다이내믹하네요. 특히, 정상 가까이는 가파른 바위길이라 조금은 힘들었습니다. 그렇지만 정상에서 보이는 백록담이 모든 피로를 잊게 해주었네요. 정상에 모여 있는 많은 인파들로 인해 조금 깜짝 놀랐습니다.

다들 정상에서 기념사진을 찍기에 바쁜데요, 정상에서 얼굴과 백록담이 나오게 사진을 찍고 내려오면 탐방안내소에서 한라산 등정인증서를 발급해 줍니다. 잊지 말고 등정인증서도 발급해 보세요. 한라산을 등반했다는 뿌듯함이 몰려오네요.

속밭 대피소

사라오름 입구

백록담

속밭   정상 표시석

213

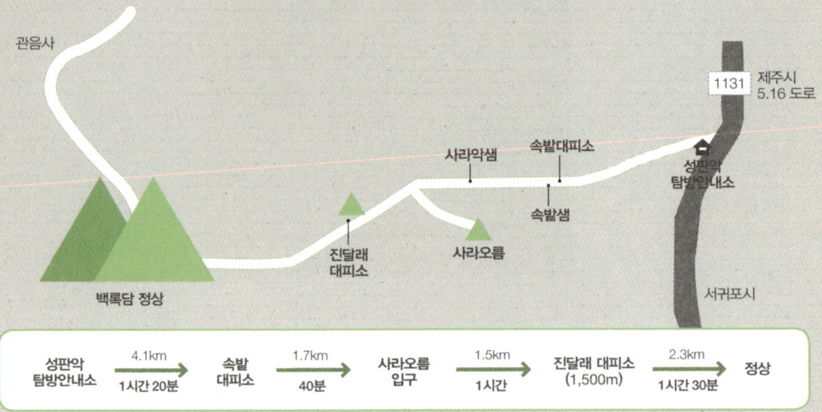

시간   편도 4시간 30분

거리   편도 9.6km

입산통제(진달래밭 통제소)   동절기 12:00, 춘추절기 12:30, 하절기 13:00
(이 시간이 지나 도착하면 등산할 수 없음)

매점   탐방안내소, 진달래 대피소

화장실   탐방안내소, 속밭 대피소, 진달래 대피소

전화   064-725-9950

주차   승용차 1,800원

등산팁   1. 성판악 코스로 올라가서 관음사 코스로 내려올 수 있습니다.
2. 진달래 대피소 외에는 매점이 없기 때문에 마실 물과 간단한 간식 등을 챙겨 가면 좋습니다.
3. 등정인증서 수수료 1,000원

가장 짧지만 가장 아름다운 풍경을 가지고 있는 코스입니다. 영실 코스는 성판악 코스와 달리 초반에 난이도가 높고 위로 올라갈수록 쉬운 길이 펼쳐집니다. 초반부터 시작된 계단은 끝이 날 것 같지 않지만, 그 옆으로는 영실 코스의 하이라이트인 아찔한 영실기암과 병풍바위가 있습니다. 계단이 끝나면 나타나는 선작지왓은 감탄이 절로 나옵니다. 어쩌면 가파른 계단을 한참 올라온 후 갑자기 펼쳐지는 넓은 들판이라 더욱 신기했던 것 같아요. 선작지왓을 한참 걸으면 노루들이 와서 물을 먹고 간다는 노루샘이 나오고 최종 목적지인 윗세오름에 도착합니다. 보통 이 정도에서 산행을 마무리하곤 합니다. 하지만 만약 철쭉이 피는 5월 말에서 6월 초 사이에 영실을 방문한다면 남벽분기점 방향으로 조금 더 가보아도 좋습니다. 남벽분기점 가는 길 양옆으로는 철쭉이 가득하고, 백록담 아래 철쭉이 가득한 모습은 영실 코스 최고의 풍경이랍니다.

병풍바위

영실기암

215

남벽분기점 가는 길

겨울 영실 산행

시간 윗세오름까지 1시간 30분

거리 윗세오름까지 3.7km

입산통제(입구 통제소) 동절기 12:00, 춘추절기 14:00, 하절기 15:00

매점 영실 휴게소, 윗세오름 대피소

화장실 영실 휴게소, 윗세오름 대피소

전화 064-747-9950

주차 승용차 1,800원

등산팁 1. 영실 코스로 올라가서 어리목 코스로 내려올 수 있습니다.

2. 윗세오름 대피소 외에는 매점이 없기 때문에 마실 물과 간단한 간식 등을 챙겨 가면 좋습니다.

3. 저는 남벽분기점 방향으로 30분 정도만 갔다 되돌아 나왔습니다.

4. 영실 휴게소까지 차로 갈 수 있습니다.

3

어리목 코스

▲▲▲

길이도 적당하고 난이도도 적당한 가장 무난한 코스예요. 영실 코스에 비해 풍경이 별로라는 말을 들어 기대하지 않고 방문했는데 저는 개인적으로 참 좋았던 코스랍니다. 영실 코스와 비슷하게 초반에는 계단이 다소 있고 나중에는 탁트인 사제비 동산과 만세 동산이 나옵니다. 만세 동산을 지나면 어리목 코스의 하이라이트 구간이 나옵니다. 잘 깔린 나무데크길에는 백록담과 오름이 어우러져 있어 산 위에 올라왔다는 사실조차 잊게 만든답니다. 제가 등산했던 계절은 단풍이 곱게 물들었던 가을이라 더욱 아름다웠네요. 윗세오름 대피소에도 가을 단풍을 즐기려는 등산객들이 인산인해를 이루었답니다.

만세 동산을 지나 보이는 풍경

윗세오름 대피소

어리목 계곡

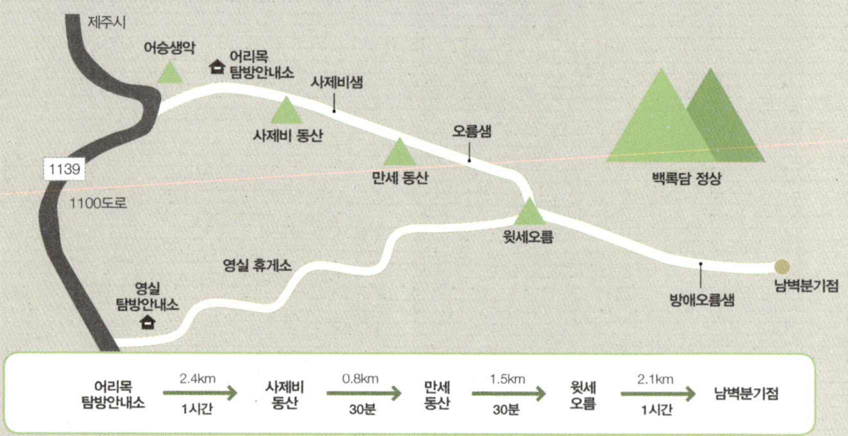

시간 윗세오름까지 2시간

거리 윗세오름까지 4.7km

입산통제(입구 통제소) 동절기 12:00, 춘추절기 14:00, 하절기 15:00

매점 어리목 탐방안내소, 윗세오름 대피소

화장실 어리목 탐방안내소, 윗세오름 대피소

전화 064-710-6920

주차 승용차 1,800원

등산팁 1. 어리목 코스로 올라가서 영실 코스로 내려올 수 있습니다.

　　　　2. 윗세오름 대피소 외에는 매점이 없기 때문에 마실 물과 간단한 간식 등을
　　　　　 챙겨 가면 좋습니다.

추천
맛집

int(인트)

저는 박물관과 함께 있는 식당은 많이 배고프지 않는 경우 잘 가지 않는 편이에요. 그런데 넥슨컴퓨터박물관 내에 위치한 인트 레스토랑은 박물관과 상관없이 레스토랑만 찾아가는 곳이랍니다. 컴퓨터와 관련 있는 이색 메뉴들이 있는데, 마우스 빵과 키보드 와플은 보기만 해도 앙증맞아서 먹기가 참 아깝다는 생각마저 들었습니다. 그 외 스테이크와 파스타 또한 박물관에서 운영하는 식당답지 않게 아주 훌륭했습니다. 적극 추천하는 레스토랑이에요.

주소 제주시 노형동 86(제주시 1100로 3198-8)
전화번호 064-744-1994
메뉴 키보드 와플 15,000원, 런치 스테이크 25,000원, 카르보나라 15,000원 등

모이세해장국

제주도에는 유독 해장국집이 많은데요, 그중에서도 유명한 모이세해장국집을 가보았습니다. 술을 먹진 않았지만 부담 없는 가격에 가볍게 식사하기 좋은 곳이에요. 모이세해장국 하나, 선지해장국 하나를 시켜 보았습니다. 모이세해장국은 대표 메뉴답게 누구나 좋아할 맛이었고, 선지를 좋아하는 저는

선지해장국이 더 맛있었습니다. 해장국에 새콤달콤한 깍두기를 아삭아삭 씹어 먹으니 아주 행복하네요. 제주도 내 분점도 많이 있습니다.

주소 제주시 노형동 934(제주시 원노형남1길 24)
전화번호 064-746-5128
메뉴 모이세해장국 7,000원, 선지해장국 7,000원 등

꺼멍

아마 제주도에 여행오시는 분들은 한 끼 식사 정도는 흑돼지를 드실 거예요. 제주도에는 유명한 흑돼지 전문점이 많은데 그중 꺼멍도 빼놓을 수 없답니다. 제주공항에서 가까우면서도 맛있는 곳이 바로 꺼멍입니다. 농장직영 흑돼지 전문점이에요. 제가 시킨 흑돼지 모둠구이는 흑돼지 오겹살뿐만 아니라 목살, 항정살 등이 고루고루 나온답니다. 양념게장이나 브로콜리 등 밑반찬도 깔끔하게 나오네요.

주소 제주시 노형동 2737(제주시 월랑로 83)
전화번호 064-748-9285
메뉴 흑돼지 모둠구이(대) 60,000원, 흑돼지 오겹살(170g) 15,000원 등

다정

깔끔한 한정식집입니다. 외부 모습과 내부 인테리어가 식당이라기보다는 카페 같은 모습이라 더 마음에 들었던 곳입니다. 다양한 메뉴가 있는데 점심에 갔던 터라 점심특선을 먹었습니다. 된장찌개와 고등어구이, 제육볶음 등 다양한 음식이 나오네요. 부담스럽지 않게 식사하고 싶을 때 괜찮습니다.

주소 제주시 노형동 3608(제주시 우평로 38)
전화번호 064-747-9070
메뉴 점심특선(1인) 9,000원, 돌솥밥 7,000원, 갈치조림(소) 30,000원 등

마농

제주시 번화가인 노형오거리에 위치해 있는 레스토랑이에요. 마농은 제주도 말로 마늘이라는 뜻입니다. 분위기도 좋고 맛도 좋아 계속 가서 먹고 싶은 식당이랍니다. 처음 갔을 때 먹어 보았던 냉소바는 정말 잊을 수 없는 맛이라 자꾸 생각이 났고, 달달한 것을 좋아하는 저에게 마농 돔베피자는 '마늘이 이렇게 달고 맛있구나'를 처음 느끼게 해준 피자였습니다. 그 외 메뉴들도 모두 짜지 않고 맛있어서 추천하고 싶은 음식점이에요.

주소 제주시 노형동 1287-3(제주시 노형로 401)
전화번호 064-745-1166
메뉴 냉소바 11,000원, 마농 돔베피자 19,000원, 흑돼지 돔베피자 19,000원, 전복 로제파스타 16,000원, 비프그릴 샐러드 19,000원 등

롯데시티호텔 씨카페

호텔 레스토랑은 가격이 부담스럽지만 그만큼 음식과 서비스에 있어서는 최고이지요. 롯데시티호텔 씨카페는 제주도에서 가장 높은 빌딩의 22층에 자리 잡은 레스토랑입니다. 제주시 야경을 볼 수 있는 창가 자리를 잡기 위해서는 예약을 서두르는 것이 좋습니다. 식사는 그야말로 말이 필요 없답니다. 로브스터와 대게, 전복, 회는 물론이고 과일, 빵, 아이스크림 등 다양한 종류의 디저트에 무엇부터

먹어야 할지 행복한 고민을 하게 만드는 곳이에요. 처음 보는 디저트도 많아 역시 최고급 레스토랑임을 알 수 있었네요.

주소   제주시 연동 2324-6(제주시 도령로 81)
전화번호   064-730-1040
메뉴   **브런치** 어른 40,000원, 어린이(48개월 이상) 22,000원
　　　디너 어른 75,000원, 어린이(48개월 이상) 45,000원

달그락 화덕피자집

분위기 좋고 가격도 저렴한 화덕 피자 맛집이에요. 이곳의 대표 메뉴는 고르곤졸라 피자인데, 저는 프로슈토 피자와 베이컨 크림 파스타를 먹어 보았습니다. 치즈 맛이 환상이라는 고르곤졸라를 먹으러 다시 방문해 봐야겠네요. 제가 방문한 노형점도 있고 시청점도 있습니다.

주소   제주시 노형동 748-3(제주시 진군2길 5)
전화번호   064-713-7483
메뉴   프로슈토 18,000원, 베이컨 크림 파스타 12,000원 등

사랑 담은 해물

제주시민들이 즐겨 찾는 해물찜과 해물탕으로 유명한 식당이랍니다. 저에겐 해물탕보다는 해물찜이 더 맛있었네요. 이곳은 특히 밑반찬이 굉장히 잘 나옵니다. 밑반찬만으로도 한 끼 식사가 가능할 정도예요. 제주도에서 이렇게 밑반찬이 잘 나오는 곳 찾기가 쉽지는 않답니다.

주소 제주시 연동 290-23(제주시 신대로6길 29)
전화번호 064-747-0052
메뉴 해물찜(소) 30,000원, 해물탕(소) 45,000원 등

제라한 보쌈

현지인들이 많이 찾는 보쌈 맛집이랍니다. 저는 점심시간에 방문했던 터라 보쌈 정식을 시켰습니다. 2인분을 시켰을 뿐인데 푸짐하게 나온 보쌈 양에 놀랐습니다. 또, 생각지도 못한 꽁치구이까지 따라 나오네요. 보쌈집을 많이 다녀봤지만 생선구이까지 나오는 곳은 처음이라 상당히 놀랐습니다. 밑반찬도 잘 나오고 만족스럽게 식사했던 곳이랍니다.

주소 제주시 노형동 2589-3(제주시 정존1길 33)
전화번호 064-745-2933
메뉴 김치보쌈(소) 32,000원, 보쌈정식(점심메뉴) 8,000원 등

빅토리아

용두암~이호 해안도로 끝자락에 자리 잡은 레스토랑입니다. 하얀 건물이 눈에 뜨인답니다. 내부도 외부만큼 분위기 좋게 꾸며져 있습니다. 가격도 저렴해서 편안하게 식사하기 좋은 곳이에요.

주소 제주시 도두2동 1651(제주시 서해안로 268)
전화번호 064-743-7366
메뉴 토마토 해물 돌판 스파게티 9,900원, 카르보나라 9,900원 등

용두암~이호 해안도로 중간에 위치해 있습니다. 제가 가장 좋아하는 빙수 전문점이에요. 여름은 이 곳에서 빙수 먹으며 보냈던 것 같아요. 빙수 종류도 다양해서 골라먹는 재미가 있습니다. 빙수뿐만 아니라 호떡도 굉장히 맛있었습니다. 빙수 전문점이지만 겨울에는 따끈따끈한 겨울메뉴도 준비되어 있어 사계절 언제든 방문 가능합니다. 이곳에서 빙수를 먹으며 바라보는 제주 바다는 참 아름답습니다.

주소 제주시 용담3동 2319-6(제주시 서해안로 504)
전화번호 064-711-9540
메뉴 인절미빙수 7,000원, 망고치즈빙수 9,500원, 녹차빙수 9,000원, 호떡(2조각) 4,000원 등

소드래

제주시민들이 사랑하는 깔끔한 퓨전 한정식집이에요. 저렴한 가격에 비해 정성스럽게 차려진 상차림에 깜짝 놀랐던 곳이랍니다. 보쌈, 떡볶이, 소라무침과 잡채, 전 등이 나옵니다. 이게 끝이 아니랍니다. 열심히 먹고 나면 또 다양한 밑반찬과 찌개가 곁들여진 귀여운 대통밥이 나오네요. 화학조미료를 사용하지 않고 나트륨 섭취 줄이기에 참여하는 건강음식점답게 먹고 나니 건강해진 느낌이 드네요.

주소 제주시 이도2동 314-4(제주시 가령로 1)
전화번호 064-726-0083
메뉴 점심특선 1인 9,900원(3시까지), 소드래정식 1인 13,000원 등

<h1 style="text-align:center">서울떡볶이</h1>

동문시장 내에 위치한 분식점이에요. 김떡(김밥+떡볶이), 떡순(떡볶이+순대), 김떡순(김밥+떡볶이+순대)이라는 메뉴로 사랑받고 있는 곳이랍니다. 가끔 분식점에서 김밥이나 떡볶이, 순대 중에 고민할 때가 많은데 참 괜찮은 아이디어인 것 같아요. 그래서 조그만 분식점이 늘 사람들로 붐벼요. 같이 나온 만두튀김은 서비스였답니다. 시장 구경하다 간식 먹으러 들르기 참 좋아요.

주소 제주시 일도1동 1148-2(제주시 동문로 16)
전화번호 064-726-9266
메뉴 김떡 3,500원, 떡순 3,500원, 김떡순 3,500원 등

<h1 style="text-align:center">해운대활어직매장</h1>

동문시장 내에 위치해 있는 횟집이에요. 크고 화려하진 않지만 기본에 충실한 횟집이랍니다. 평소 갈치회나 고등어회를 한번 맛보고 싶었는데, 사이드 메뉴로 나와 주었습니다. 광어회 2인분은 두 명이 배불리 먹을 정도로 양이 많았고, 매운탕도 얼큰하게 잘 나와 만족했던 곳이랍니다.

주소 동문시장 내 64번
전화번호 064-757-0107
메뉴 광어(2인) 50,000원

잠녀해녀촌

물빛 곱기로 소문난 함덕서우봉 해변 근처에 위치한 식당이에요. 제주도에서 해녀들이 운영하는 식당인 해녀촌에 가면 음식 맛에 실패할 확률이 적답니다. 이곳 역시 물회와 죽으로 유명한 식당이에요. 비수기에 방문했는데도 식사를 하려는 사람들이 꽤 많이 있습니다. 기본 반찬으로는 데친 미역과 톳무침 등이 나옵니다. 물회는 해산물 씹히는 맛이 꼬들꼬들해서 신선함을 느낄 수 있고 전복죽은 참 고소하답니다.

주소 제주시 조천읍 함덕리 3150-2(제주시 조천읍 조함해안로 410)
전화번호 064-782-6769
메뉴 전복물회 15,000원, 소라물회 10,000원, 전복죽 10,000원 등

월정 스테이션

월정리 해수욕장에는 카페는 많지만 식당을 찾기가 힘들어요. 그러다 발견한 월정 스테이션은 부담 없는 메뉴로 간단히 식사하기 괜찮은 곳이랍니다. 국민 메뉴인 떡볶이, 라면, 김밥 등을 팔고 있고, 맛도 괜찮은 편이었답니다. 이곳에서 간단히 식사하고 근처 카페에서 차 마시면 참 좋아요.

주소 제주시 구좌읍 월정리 501-1(제주시 구좌읍 월정3길 52)
메뉴 떡볶이 5,000원, 라면 3,000원, 김밥 2,000원 등

봉쉡망고

월정리 해변의 많은 카페 중 한 곳이에요. 동남아에서 맛볼 수 있는 망고 주스를 마셔볼 수 있는 곳이랍니다. 바나나망고, 블루베리망고, 파인애플망고 등이 있지만 뭐니 뭐니 해도 망고 오리지널이 최고일 것 같아 그걸로 주문했습니다. 100% 망고 주스는 정말 달콤하네요. 월정리의 파란 바다와 딱 어울리는 노란 망고 주스, 한번 맛보세요.

주소 제주시 구좌읍 월정리 541(제주시 구좌읍 월정7길 62-1)
전화번호 064-782-7007
메뉴 망고 오리지널 7,000원 등

명진전복

김녕~종달 해안도로에 위치해 있습니다. 전복 맛집으로 소문난 식당이에요. 메뉴는 전복돌솥밥, 전복죽, 전복구이 등이 있습니다. 전복이 소복이 얹어진 돌솥밥은 보는 순간 군침이 돌아요. 단호박, 당

근, 고구마 등 각종 야채가 들어간 돌솥밥은 따로 양념장을 넣지 않아도 맛있습니다. 뜨끈뜨끈하게 나온 전복죽은 후후 불어 먹으니 담백했습니다. 밑반찬으로 고등어구이까지 나와 꽤 만족스런 식사를 했던 곳이랍니다.

주소 제주시 구좌읍 평대리 515-28(제주시 구좌읍 해맞이해안로 1282)
전화번호 064-782-9944
메뉴 전복돌솥밥 13,000원, 전복죽 10,000원 등

오조해녀의 집

광치기 해변, 성산일출봉 등이 위치한 성산 쪽에는 죽으로 유명한 해녀의 집이 많습니다. 시흥해녀의 집, 섭지해녀의 집, 그리고 오조해녀의 집인데, 오조해녀의 집에서는 오직 전복죽만 판매하고 있습니다. 풍덩풍덩 전복이 들어간 전복죽은 담백하고 고소해서 한 끼 식사로 든든하네요. 갓 잡아 올린 듯한 문어 한 접시도 곁들이면 금상첨화랍니다.

주소 서귀포시 성산읍 오조리 3(서귀포시 성산읍 한도로 141-13)
전화번호 064-784-0893
메뉴 전복죽 11,000원, 문어(1접시) 10,000원

해마루

제주도 동해안 쪽을 여행하다 사전 정보 없이 들어간 식당이에요. 그런데 기대 이상으로 마음에 들었던 식당이랍니다. 고등어조림과 흑돈불고기는 양념까지 싹싹 먹을 정도로 맛있었고요, 예쁜 접시에

정성스럽게 나온 밑반찬은 종류도 다양했답니다.

주소 서귀포시 성산읍 고성리 236(서귀포시 성산읍 일출로 84)
전화번호 064-782-1150
메뉴 고등어조림(소) 26,000원, 흑돈불고기 8,000원 등

흑돼지고을

표선해비치 해변 근처에는 횟집과 흑돼지 식당이 많이 있습니다. 여러 식당 중 흑돼지고을이라는 식당을 들어갔네요. 저희가 시킨 음식은 모둠구이였습니다. 생각보다 많은 양의 고기가 나왔네요. 참숯으로 살짝 초벌구이되어 나온 모둠구이는 오겹살, 목살, 가브리살, 항정살 등이 잘 섞여 있습니다. 제주도에서 먹는 흑돼지는 어느 식당이든 참 맛있습니다. 멜젓에 찍어 먹으면 고기가 사르르 입에 녹아요. 직원분들도 친절해서 기분 좋게 식사하고 나왔던 곳이랍니다.

주소 서귀포시 표선면 표선리 40-40(서귀포시 표선면 민속해안로 579)
전화번호 064-787-3983
메뉴 모둠구이(중) 54,000원, 흑오겹살 19,000원, 고등어구이 15,000원 등

고랑몰랑

서귀포에서는 피자집을 찾기가 힘든데, 피자가 먹고 싶은 어느 날 일부러 찾아간 화덕피자집이에요. 아담한 가게이지만 아기자기한 내부 인테리어가 돋보이는 곳이랍니다. 이름을 참 외우기 힘든데 고랑몰랑은 제주도 말로 '아무도 모른다'라는 뜻이에요. 직접 구워준 식전빵은 같이 나온 꿀에 찍어 먹으면 정말 꿀맛이에요. 달달한 것을 좋아하는 저에게 콰트로 포르마지 피자도 역시 맛있었고요, 제주도답게 보말 크림 스파게티도 이색적이네요.

주소 서귀포시 동홍동 192-2(서귀포시 태평로 548)
전화번호 064-733-3515
메뉴 보말 크림 스파게티 14,000원, 콰트로 포르마지 피자 16,000원 등

기억나는 집

해물탕으로 유명한 집이에요. 특히 전복이 수북이 올라간 것으로 유명합니다. 갈치조림도 판매하고 있지만 대부분의 손님은 해물탕을 먹으러 온답니다. 전복뿐만 아니라 다양한 해산물이 들어간 해물탕은 기억에 남을 만한 가게였습니다.

주소 서귀포시 서귀동 486-4(서귀포시 중앙로 6)
전화번호 064-733-8500
메뉴 해물탕(소) 30,000원, 갈치조림(소) 30,000원 등

쌍둥이횟집

서귀포에서 아주 유명한 횟집이에요. 회로 유명하지만 많지 않은 인원이 식사하거나, 가볍게 밥을 먹고 싶을 때 방문해도 좋은 곳이랍니다. 왜냐하면 점심특선인 회덮밥이 아주 유명한 곳이니까요. 회덮밥을 시키면 생선회와 함께 튀김, 고등어구이, 돈가스, 칼국수, 도넛 등이 함께 나옵니다. 단돈 만 원짜리 회덮밥을 시켰을 뿐인데 이렇게 많은 음식이 나오니 얼마나 감격스러웠는지 몰라요. 그런데 이게 끝이 아니라 식사 후에는 디저트로 팥빙수까지 나온답니다. 관광지 식당에서 이렇게 만 원의 행복을 느낄 수 있었답니다.

주소 서귀포시 서귀동 496-18(서귀포시 중정로 62번길 14)
전화번호 064-762-0478
메뉴 점심특선 회덮밥(2시까지) 10,000원, 2인 스페셜 70,000원 등

라꼼마

앞서 소개한 '고랑몰랑' 피자집 이후 피자가 먹고 싶어서 찾아낸 멋진 레스토랑이랍니다. 서귀포 시내에서 아주 살짝 떨어져 있지만 찾아가서 먹어볼 만큼 충분한 값어치를 하는 곳이네요. 펜션과 함께 하고 있는 곳이에요. 식전에 나온 빵도 부드럽고, 해산물 들어간 파스타와 피자도 모두 맛있답니다.

주소   서귀포시 동홍동 2025-2(서귀포시 동홍로 381)
전화번호 064-767-5061
메뉴   스칸피 로제 파스타 16,000원, 라꼼마 피자 18,000원 등

어진이네 횟집

제지기오름 바로 앞에 위치한 유명한 식당이에요. 횟집이라는 이름이 있어 회를 파는 곳인 줄 알았는데 물회로 유명한 곳이랍니다. 특히 자리물회로요. 자리가 뼈째 썰린 자리물회가 부담스러우신 분들은 한치물회를 드시면 됩니다. 저도 한치물회를 시켰답니다. 싱싱한 야채, 파, 깨를 듬뿍 넣은 한치물회는 양이 적은 여자분 둘이 먹기에도 충분할 정도로 굉장히 푸짐해요. 새콤달콤한 국물 맛이 중독성이 있어 자꾸만 떠먹게 되네요. 같이 시킨 고등어구이도 맛있었습니다.

주소   서귀포시 보목동 555(서귀포시 보목포로 55)
전화번호 064-732-7442
메뉴   한치물회 12,000원, 자리물회 10,000원, 고등어구이 15,000원, 갈치조림 45,000원 등

이딸리아노

제주도의 유명한 중국집인 덕성원 중문점과 같은 건물을 사용 중인 레스토랑입니다. 3층에 위치해 있어 중문 앞바다가 훤히 내려다보이는 아름다운 풍경을 가지고 있어요. 내부 분위기도 좋고 직원분들도 모두 친절하네요. 무엇보다 맛도 굿이었습니다. 매장에서 직접 구운 식전빵과 파스타, 돈가스, 피자 모두 짜지 않고 담백해서 좋았네요.

주소 서귀포시 중문동 2446-1(서귀포시 중문관광로 321)　　　전화번호 064-738-0380
메뉴 버섯 깔조네&샐러드 피자 16,500원, 돈등심 돈가스 13,000원, 해산물 토마토 15,000원 등

맛있는 밥상

맛있는 밥상은 김치전골로 유명한 식당이에요. 보기만 해도 먹음직스런 김치전골에는 어른 손바닥보다 더 큰 돼지갈비가 잘 익은 묵은지와 함께 들어 있습니다. 제주도에 오면 주로 갈치나 옥돔, 고등어 같은 생선 요리를 많이 먹곤 하는데 돼지갈비가 풍덩 들어간 김치전골도 꽤 괜찮을 듯싶어요. 밑반찬도 깔끔하고 다양하게 잘 나왔습니다.

주소 서귀포시 색달동 2081-1(서귀포시 일주서로 996)　　　전화번호 064-739-0130
메뉴 김치전골(소) 30,000원, 갈치조림(소) 40,000원 등

중문아구찜

중문에 위치한 소박한 아귀 전문점이랍니다. 현지인들이 많이 가는 식당처럼 보이네요. 보통 아귀찜에는 아귀보다는 콩나물이 많이 들어가기 마련인데, 이곳은 저렴한 가격에 아귀를 푸짐하게 맛볼 수있습니다. 아귀찜이 먹고 싶을 때 들르면 좋을 식당이랍니다.

주소 서귀포시 중문동 2056-4(서귀포시 천제연로 190)
전화번호 064-738-2090
메뉴 아구찜(소) 23,000원, 아구탕 20,000원 등

신라호텔 더 파크뷰

앞에서 제주시에 위치한 롯데시티호텔 씨카페를 소개했다면 이번에는 중문에 위치한 신라호텔 더파크뷰 레스토랑입니다. 역시 최고급 호텔답게 분위기, 서비스, 맛 모두 굿이랍니다. 씨카페에서는 디너를 이용했었는데 이곳 더 파크뷰에서는 브런치를 이용하였습니다. 포도, 당근, 바나나 등 생과일주스와 즉석에서 만들어주는 초밥, 다양한 딤섬과 초콜릿, 치즈, 아이스크림 등이 있어 브런치만으로도충분히 만족스러운 식사를 했답니다.

주소 서귀포시 색달동 3039-3(서귀포시 중문관광로 72번길 75)
전화번호 064-735-5334
메뉴 **브런치** 어른 54,000원, 어린이(36개월 이상) 36,000원
　　　디너 어른 87,000원, 어린이(36개월 이상) 49,000원

레드브라운

대평리에 위치한 카페랍니다. 대평포구 바로 앞에 위치해 있어 바다와 박수기정을 바라보며 커피를 마실 수 있는 명당에 자리 잡고 있네요. 커피로 유명한 집인데, 커피 맛을 잘 구별하지 못하는 저는 애플망고주스를 마셨답니다. 주인이 중년의 남성분인데 카페가 굉장히 아기자기 예쁘게 꾸며져 있어 깜짝 놀란 곳이기도 해요.

주소 서귀포시 안덕면 창천리 844-19(서귀포시 안덕면 난드르로 48)
전화번호 064-738-8288
메뉴 애플망고주스 7,000원, 핸드드립커피 6,000~7,000원

옥돔식당

이름이 옥돔식당이어서 처음엔 생선 '옥돔'으로 유명한 맛집인 줄 알았어요. 그런데 메뉴에 옥돔은 없고 보말칼국수와 보말국뿐이에요. 옥돔식당은 보말로 유명한 식당이랍니다. 칼국수를 별로 좋아하지 않는 저도 굉장히 맛있게 먹었던 곳이에요. 인기가 많은 집이어서 오후 4시까지밖에 영업을 하지 않으니 방문 전 미리 전화해보는 것이 좋습니다.

주소 서귀포시 대정읍 하모리 1067-23(서귀포시 대정읍 신영로 36번길 62)
전화번호 064-794-8833
메뉴 보말칼국수 7,000원 등

황금룡버거

예전에 여행 왔을 때 황금룡버거에 들른 적이 있습니다. 그때 맛있게 먹었던 기억이 아직까지 남아 있어 다시 방문해 보았습니다. 입구부터 거대한 빅버거가 우리를 반겨주어 참 반가웠습니다. 메뉴는 3~4인용 황금룡버거와 2인용 커플버거가 있습니다. 같이 나온 생크림에 빵을 찍어 먹으면 맛있습니다. 2호점, 성읍점, 서귀포점 등 분점도 많이 있으니 가까운 곳으로 방문해 보세요.

주소 서귀포시 대정읍 신도리 10(서귀포시 대정읍 칠전로 434)
전화번호 064-773-0097
메뉴 황금룡버거 20,000원 등

메리 앤 폴

MSG와 같은 화학첨가물을 사용하지 않고 친환경 야채 등 건강한 재료만 사용하는 레스토랑이에요. 식전 스프도 깔끔하게 나오고 정성스럽게 나온 함박스테이크는 참 부드럽네요. 후식으로는 커피와 푸딩 중 선택해서 먹을 수 있답니다.

주소 제주시 한림읍 귀덕리 1173(제주시 한림읍 일주서로 5872)
전화번호 064-796-7411
메뉴 함박스테이크 14,500원, 흑돼지 돈가스 11,500원 등

프롬더럭

하가리 연화못 앞에 있는 카페입니다. 연꽃이 피는 더운 여름에 연화못과 더럭분교를 산책하고 난 후 방문하니 참 좋네요. 창고를 개조한 듯한 독특한 카페 외관뿐만 아니라 통유리창을 통해 연화못의 풍경이 들어오는 내부 인테리어도 마음에 드네요. 키위를 듬뿍 넣은 키위주스도 맛있었습니다.

주소 제주시 애월읍 하가리 1359-1(제주시 애월읍 하가로 180)
전화번호 064-799-0199
메뉴 아메리카노 4,500원, 생과일주스 6,500원 등

리치망고

아무리 먹어도 질리지 않는 망고주스를 파는 곳이랍니다. 주문을 하면 이름표를 나눠 주는데 남자손님에게는 남자연예인 이름표를, 여자손님에게는 여자연예인 이름표를 나눠 줍니다. 모든 손님들이 각자 다른 이름표를 들고 있는데, 막상 제가 들고 있는 이름표를 부르면 어찌나 민망하던지요. 그렇지만 나름 재밌고 유쾌한 아이디어네요. 유명한 100% 망고주스인 스페셜 망고셰이크와 요거트 망고셰이크인 망고라쉬 하나씩 주문했네요. 개인적으로는 100% 스페셜 망고셰이크가 훨씬 맛있었습니다. 하귀~애월 해안도로 중간에 위치해 있어요. 드라이브 도중에 먹는 망고주스는 정말 달콤하네요.

주소 제주시 애월읍 고내리 474-1(제주시 애월읍 애월해안로 272)
전화번호 070-4243-5959
메뉴 스페셜 망고셰이크 6,500원, 망고라쉬 6,000원 등

올리브카페

방주교회 옆에 있는 멋진 카페입니다. 방주교회만큼 카페 또한 멋진 건물과 내부 인테리어를 가지고 있네요. 전 커피 맛을 잘 모르는 편인데 이곳 커피는 참 맛있다는 생각을 했습니다. 카페에서 직접 만든 한라봉 발효주스는 달콤하고 건강한 맛이랍니다.

주소 서귀포시 안덕면 상천리 423-1(서귀포시 안덕면 산록남로 762번길 119)
전화번호 064-792-1688
메뉴 한라봉 발효주스 7,500원, 카푸치노 5,000원 등

나목도식당

따라비오름과 함께 같이 가면 좋은 식당입니다. 가시리 마을 안에 자리 잡은 나목도식당은 양념두루치기가 맛있는 곳이에요. 두루치기에 콩나물을 잔뜩 넣어 볶아 먹으니 맛있네요. 두루치기 외에 고기류도 판매하는데 저렴한 가격에 고기를 먹을 수 있답니다. 가시리 마을에는 나목도식당 외에 가시식당도 유명합니다.

주소 서귀포시 표선면 가시리 1877-6(서귀포시 표선면 가시리로 613번길 60)
전화번호 064-787-1202
메뉴 양념 두루치기 5,000원, 삼겹살 9,000원 등

솔밭가든

오리고기로 유명한 집이랍니다. 살짝 양념이 돼서 한 번 초벌구이되어 나온 오리양념구이가 참 맛있어요. 오리 반 마리는 두 사람이 먹기 딱 좋은 양입니다. 오리 다음으로는 녹차 칼국수와 수제비까지 나와 든든하게 배를 채울 수 있었습니다.

주소 서귀포시 표선면 가시리 2519-1(서귀포시 표선면 녹산로 6)
전화번호 064-787-0433
메뉴 오리양념구이 반 마리 25,000원, 한 마리 50,000원 등

오름나그네

'검다'는 뜻인 거문오름 근처의 식당들은 블랙푸드촌으로 지정되어 있습니다. 거문오름이 위치한 선흘리는 검은콩, 검은깨, 메밀 등 검은 재료가 많이 나는 지역이라 지역의 이미지와 거문오름의 특성을 잘 결합시켜 블랙푸드촌을 만들었네요. 그중 오름나그네 역시 블랙푸드촌인데 칼국수로 유명한 집이랍니다. 보말칼국수와 버섯들깨칼국수를 시켰는데 모두 담백하고 구수해서 부담 없이 먹기 좋았습니다.

주소 제주시 조천읍 선흘리 470-12(제주시 조천읍 선교로 525)
전화번호 064-784-2277
메뉴 보말칼국수 7,000원, 버섯들깨칼국수 7,000원 등

라포레사려니

교래리는 제주도에서 토종닭 특구로 지정되어 있는 마을이에요. 그래서 닭칼국수와 닭샤브샤브를 파는 식당이 많이 있답니다. 그런데 이미 닭 요리를 맛보셨다면 분위기 있는 라포레사려니에서 깔끔한 식사를 해보는 건 어떨까요? 먹기 아까울 정도로 예쁘게 나온 크로크무슈와 시푸드파이는 토종닭 마을에서 맛보는 의외의 음식이었네요.

주소 제주시 조천읍 교래리 554(제주시 조천읍 비자림로 685-3)
전화번호 064-784-9507
메뉴 크로크무슈와 아메리카노 10,000원, 시푸드파이와 샐러드 15,000원 등

인덱스

ㅊ

ㅋ

ㅍ

ㅎ